河南省冬小麦
生长过程智能监测
及诊断研究

姚建斌　著

中国水利水电出版社
www.waterpub.com.cn

·北京·

内 容 提 要

本书以河南省冬小麦为研究对象，面向智慧农业，基于物联网技术、WSN 混合组网策略及深度学习算法，结合多源联合监测手段和多模态融合识别技术，以"传感器部署组网→监测数据采集→生育阶段分类识别→病虫害及干旱精准识别→生产智能诊断"为主线，开展河南省冬小麦生长过程智能监测和智能诊断的研究，实现冬小麦生产过程的智慧化管理。主要内容包括：提出了基于 LoRa 的智慧农业 WSN 混合组网策略及服务质量评价方法；提出了一种改进 Faster R-CNN 的冬小麦生育阶段分类识别模型；构建了基于 VGGNet-16 的冬小麦生长过程病虫害精准识别模型；建立了基于多模态深度学习的冬小麦关键生育期干旱胁迫监测 S-DNet 模型；研发了河南省冬小麦生长过程智能诊断系统。

本书适合从事农业水利工程、计算机科学与技术、计算机应用、农业技术推广等的管理、科研、技术人员参考，也适合高等院校相关专业的师生参考。

图书在版编目（CIP）数据

河南省冬小麦生长过程智能监测及诊断研究 / 姚建斌著. -- 北京：中国水利水电出版社，2024. 6.
ISBN 978-7-5226-2584-3

Ⅰ．S512.1

中国国家版本馆CIP数据核字第2024CF9345号

书　　名	河南省冬小麦生长过程智能监测及诊断研究 HENAN SHENG DONGXIAOMAI SHENGZHANG GUOCHENG ZHINENG JIANCE JI ZHENDUAN YANJIU	
作　　者	姚建斌　著	
出版发行	中国水利水电出版社 （北京市海淀区玉渊潭南路 1 号 D 座　100038） 网址：www.waterpub.com.cn E-mail：sales@mwr.gov.cn 电话：(010) 68545888（营销中心）	
经　　售	北京科水图书销售有限公司 电话：(010) 68545874、63202643 全国各地新华书店和相关出版物销售网点	
排　　版	中国水利水电出版社微机排版中心	
印　　刷	天津嘉恒印务有限公司	
规　　格	170mm×240mm　16 开本　11.5 印张　200 千字	
版　　次	2024 年 6 月第 1 版　2024 年 6 月第 1 次印刷	
定　　价	**68.00** 元	

前　言

河南省粮食产量占全国粮食总产量的 10%，其中小麦产量占全国的 28%，小麦的优质高产对国家粮食安全和人民生活水平的影响举足轻重。但河南省粮食生产存在灌溉水利用效率低、肥药浪费高、病虫害潜在威胁大等问题，同时冬小麦在生产过程中监测手段不足、智慧信息化程度不高，影响了冬小麦的稳产增产。本书以河南省冬小麦为研究对象，面向智慧农业，基于物联网技术、WSN 混合组网策略及深度学习算法，结合多源联合监测手段和多模态融合识别技术，以传感器部署组网→监测数据采集→生育阶段分类识别→病虫害及干旱精准识别→生产智能诊断为主线，开展河南省冬小麦生长过程智能监测和智能诊断的研究，实现冬小麦生产过程的智慧化管理。主要研究内容及成果如下：

（1）提出了基于 LoRa 的智慧农业 WSN 混合组网策略及服务质量评价方法。首先，针对智慧农业大田面积广、环境复杂、实时性差等问题，基于 LoRa 低功耗和远距离通信技术，采用有线、无线混合组网的方式，提出了一种新型的智慧农业 WSN 混合组网策略。其次，针对传统 WSN 传感器节点利用率低、功耗大、成本高等问题，在传统蚁群算法（ACO）中引入 $coverWP$ 和 $Distance_{ij}$ 两个贪婪因子，优化率定了参数和信息素值，提出了基于 ACO - GS 算法的传感器节点最优部署策略，具有部署覆盖范围广、节点数量少和密度低等优点。再次，针对多传感器节点数据融合鲁棒性低的问题，提出了一种 Kalman 滤波和自适应加权相融合的复合融合算法，能有效地降低极端数据对融合结果的影响。最后，采用定性判断和定量分析相结合的方式，基于网络能耗、网络丢包率、网络带宽、网络时延等四个 QoS 指标，提出了 WSN 混合组网策略综合评价方法。评价结果表明，构建的混合组网性能优良，提高了大田数据采集传输的有效性和可靠性。

（2）提出了一种改进的 Faster R－CNN 冬小麦生育阶段分类识别模型。针对传统图像分割模型存在图像分割边缘模糊、提取特征不精确等问题，使用基于深度可分离卷积的图像分割模型对冬小麦、土壤和杂草进行分割，提取了冬小麦样本并进行了前景和背景信息标注，冬小麦图像分割准确率、查准率和召回率分别为 90.91％、93.45％和 95.02％。使用 VGGNet－16 提取图像特征及 RPN 生成区域候选框，构建了改进的 Faster R－CNN 分类识别模型，利用分类器对图像候选框进行回归和分类训练，实现冬小麦生育阶段的准确识别，其准确率达 96.00％。

（3）构建了基于 VGGNet－16 的冬小麦生长过程病虫害精准识别模型。针对病虫害数据集中、病虫害类型分布不均衡问题，采用添加随机噪声、滤波、旋转、偏移等方法进行数据扩充，通过实验优选 VGGNet－16 作为冬小麦病虫害识别的基础网络模型。利用迁移学习技术，对比实验表明，采用微调全部层的迁移学习表现最佳，识别准确率可达到 96.02％。针对冬小麦病虫害样本的颜色和特征差异较大的问题，引入改进的混合注意力机制 NLCBAM 模块，构建 CBAM－VGGNet－16 和 NLCBAM－VGGNet－16 模型。实验结果表明，CBAM－VGGNet－16 和 NLCBAM－VGGNet－16 的识别准确率均有所提高，其中 NLCBAM－VGGNet－16 的识别效果最佳，识别准确率达到 97.57％。

（4）建立了基于多模态深度学习的冬小麦关键生育期干旱胁迫监测 S－DNet 模型。通过获取冬小麦起身—拔节、抽穗—开花、开花—成熟三个关键生育期的干旱胁迫图像，建立了与土壤水分监测数据相对应的冬小麦干旱图像集，优选 DenseNet－121 模型作为基础网络模型提取干旱特征；将大田小麦干旱胁迫表型特征与气象因素和物联网技术相结合，融合了基于 WSN 传感器的气象干旱指数 SPEI 和深度图像学习数据，构建了多模态深度学习的大田冬小麦干旱胁迫监测 S－DNet 模型。结果表明，与单模态 DenseNet－121 模型对比，多模态 S－DNet 模型具有较高的鲁棒性和泛化能力，其干旱平均识别准确率达到了 96.4%，有效实现了冬小麦干旱胁迫无损、精确的快速监测。

（5）研发了河南省冬小麦生长过程智能诊断系统。将 WSN 部署与数据采集传输、病虫害识别、干旱胁迫分级进一步集成整合，采用物联网技术、大数据技术、深度学习、多模态融合等先进技术与方法，融合天气预报等联网数据，研发了河南省冬小麦生长过程智能诊断系统。通过测试，该系统可通过数据分析与建模自动生成精准灌溉、科学施肥、合理施药的科学化辅助决策，为冬小麦生产过程中的系统化、智能化、精细化管理提供了重要的科学支撑。

由于时间仓促和作者水平有限，书中难免存在错误、疏漏之处，敬请广大读者批评指正。

姚建斌
华北水利水电大学
2024 年 5 月

目　录

第 1 章 绪 论

1.1 研究背景

"五谷者，万民之命，国之重宝""手中有粮，心中不慌"。作为人口众多、农业资源相对不足的国家，我国传统的小规模、粗放式劳动的农业生产和经营模式仍占大多数，这种模式导致我国农业劳动生产率低下。与已实现农业现代化的发达国家相比，美国、法国和德国的人均耕地面积分别是我国的 145 倍、55 倍和 45 倍。在农业劳动力方面，我国农业劳动力老龄化问题日益严重，劳动力成本显著增加[1]。其中，农产品的劳动力成本高达总成本的 70%，导致我国农产品价格普遍超过国际水平。在农业资源利用方面，发达国家的主要粮食作物水分生产效率、肥料利用率和农药利用率分别为 2kg/m³、65% 和 55%。相比之下，我国主要粮食作物的水分生产效率、肥料利用率和农药利用率仅为 1kg/m³、35% 和 25%，水肥药利用效率几乎是发达国家的 1/2[2]。传统农业低效的资源利用进一步加剧了生态环境恶化和人均农业资源短缺问题，导致了更加严重的农产品质量安全问题[3]。

稳定发展粮食作物生产对于国家粮食安全至关重要。2022 年，我国水稻、玉米和小麦的单产分别达到 472kg/亩、429kg/亩和 394.2kg/亩，明显高于世界平均水平。这一巨大成就使我国仅用占全球 9% 的耕地面积却能养活全球 20% 的人口。我国粮食总产量连续八年保持在 6.5 亿 t 以上，实现了"十八连丰"。然而，我国仍然是全球最大的粮食进口国，2022 年粮食进口量达到 1.5 亿 t，占国内产量的 21.4%。虽然国内粮食基本能够自给，但粮食安全形势依然严峻。而且我国粮食生产安全存在着诸多问题，如生产成本高、农业资源缺、利用效率低和生态环境压力大等[4]。

河南省是我国的农业大省和人口大省，也是华北平原粮食产量最高的地区。2022 年，河南省的粮食产量占全国的 9.89%，利用全国 1/16 的耕地生产了全国 1/4 的小麦和 1/10 的粮食，因此被誉为"中原粮仓"。农业是河南省水资源的主要消耗部门，主要涉及农田、林牧业的灌溉用水以及水产养殖等方面，其中，农田灌溉用水是农业用水的主要部分，一直占河南省总用水的 90％以上[5]。

我国农业现有的生产模式、人均农业资源匮乏、农业资源利用率低、新农民年轻化和劳动力老龄化等问题，是阻碍我国实现农业现代化的关键问题。随着我国农业生产水平的提升和乡村振兴工作的深入推进，各种风险和结构性矛盾也在逐渐积累，其中包括农产品生产成本高、投入大，农业效益低且不稳定等。为了解决农业生产中存在的劳动力成本高、农业资源利用率低、生态环境恶化等问题，提高水分生产效率、肥料利用率和农药利用率等，需要充分利用信息技术这一新手段。因此，如何充分发挥物联网传感技术和视频监控技术的作用，实时收集大田作物生产过程中的土壤墒情、病虫害、干旱及作物生长信息，以此为基础进行有针对性的管理决策，已经成为提高我国大田粮食作物竞争力、实现我国农业生产低耗高效、绿色健康和高质量发展的重要方向。

1.2 研究目的和意义

1.2.1 研究目的

利用智能信息技术对冬小麦生产过程进行智能监测和智能化决策是提高冬小麦生产管理水平的重要手段，也是智慧农业建设的基本要求。自 2005 年起，中央一号文件首次提出了加速农业信息化建设的目标，在随后的年度政府文件中也多次提及农业信息化[6]。2018 年，中共中央、国务院发布了《关于实施乡村振兴战略的意义》，将数字农业、智慧农业和农村电商与乡村振兴密切结合起来。2019 年 5 月，中共中央办公厅、国务院办公厅印发了《数字乡村发展战略纲要》，明确了打造科技农业和智慧农业的战略规划。2021 年，中央一号文件提出发展智慧农业，建立农业农村大数据体系，推动新一代信息技术与农业生产经营深度融合[7]。同年 11 月，国务院发布了《"十四五"推进农业农村现代化规划》，该规划明确了未来五年农业农村现代化建设的思路目标和重点任务，首次将农业现代化和农村现代化作为一体进行设计和推进，实现农业大国向农业强国的跨越[8]。与此同时，中国信息通信研究院和中国人民大学联合发布了《中国智慧农业发展研究报告》[9]。该报告指出，新一轮科技革命和产业变革的演进，人工智能、大数据、区块链、云计算等新兴技术的快速发展，释放了巨大的发展动力，进一步推动了新产品、新业态和新模式的涌现。智慧农业作为新一代信息技术与农业生产、经营和交易等深度融合的产物，需要深入分析和理解其发展趋势、推进逻辑和运行基础，更好地推动智慧农业的发展。

随着信息技术的快速发展，构建高效、精准、环保的现代化、信息化、智能化农业生产和经营模式成为解决我国农业众多问题的主要途径。在过去的十年里，我国成功实施了大量农业信息化项目，并取得了丰硕的成果，如土壤和作物信息采集、精准施用水肥药、设施农业环境控制等关键技术的提出，逐步完善了现代农业的生产方式[10]。然而，目前国内大多数农业设备或终端只能进行图像采集，缺乏信息处理功能，提取对农业生产管理有用信息较为有限。农作物生长环境监测图像能够直观地展示作物生长、健康状况、灾害程度以及水分状况等信息。因此，构建支持图像感知的农业智能化系统，能够准确识别和解读农业信息，并实时、科学、自动地指导农业技术措施，快速识别、处理和智能分析农业物联网终端的图像信息，使系统能够像智能生命体一样做出响应，已经成为物联网技术亟待解决的重要任务之一。本书旨在构建一套监测农作物生长过程的智能系统，以应对农业生产中的信息处理和管理挑战。主要内容包括：深入研究部署和应用农业物联网系统，实现对农业生产信息的全面感知、智能分析和预警；研究农作物生长环境监测图像的采集、处理与分析技术，使其能够直观地展示作物生长、健康状况、灾害程度以及水分状况等关键信息；探索为农业提供精准、可视化和智能的管理服务，实现高产、高效、优质、环保和节能的农业生产。随着人工智能、大数据、物联网等新一代信息技术与农业的全面深入融合，信息化与农业现代化的交汇正在形成历史性的时刻，对于我国农业大国向农业强国迈进将带来前所未有的发展机遇。

1.2.2　研究意义

我国的小麦种植范围广泛且分散，不同地区的小麦产量和品质都有其典型特点，小麦生产具有显著的增产潜力。本书将智慧农业理论引入小麦生产过程，借助物联网、大数据和云计算等信息技术的发展，针对河南省冬小麦生产过程中的病虫害、干旱、田间管理等环节，通过对田间数据信息进行全面感知，建立了冬小麦生长环境的数据智能分析模型。这些模型不仅全面考虑了降雨、光照、温度、水分和土壤等多种因素对小麦生长的综合影响，同时融合专家系统自动生成决策，从而实现了对冬小麦生产环节的高度精细化控制，使冬小麦智能监测与诊断理论得到进一步深化与拓展，也为未来智慧农业的进一步发展提供了坚实的理论支持[11]。这一理论的引入不仅为我国农业由传统农业向智慧农业转型提供了坚实的理论基础，也为农业可持续发展提供了新的理论思路和实践路径，推进我国大田农业逐步进入智慧农业时代。

在小麦生产过程中，通过物联网技术、深度学习和数据融合技术，快速智能地获取数据，建立精确的生育阶段识别模型、病虫害识别模型、干旱监测模型，并研发基于土壤和作物等生长环境的智能诊断系统，实现小麦生产的精细灌溉、精确施肥、精准施药、可视化管理和科学化决策，为科学种植与灌溉施肥施药管理、干旱监测预警和产量监测提供了决策依据和技术支持，对于实现资源的合理有效利用、科学投入、降低成本、增加产量和保障国家粮食安全具有重要的作用和意义。

1.3　国内外研究现状

1.3.1　物联网技术在智慧农业领域国内外研究现状

智慧农业代表了农业信息化高度发展的先进阶段，这一趋势正在推动世界现代化农业的发展。现代智慧农业利用物联网（IoT）、大数据和人工智能等技术，实现了农业的数字化和智能化。在智慧农业领域，IoT 技术应用广泛，涵盖了农业生产、经营、管理和服务等各个方面。农业 IoT 技术为传统农业迈向现代化农业提供了重要的技术支持。随着科技的不断进步，IoT 技术在智慧农业中的应用正成为主要的趋势。这些技术的应用帮助农业实现了数字化和智能化，推动了农业生产的现代化发展[12]。农业 IoT 是一个复杂的系统，涵盖了多个学科领域，包括计算机、电子、通信、管理和农学等。根据信息学的核心原理，即信息的获取、处理、传递和应用，农业 IoT 的关键技术可以分为四个层次：感知层、传输层、处理层和应用层。这些技术主要解决了农业中的多个关键问题，包括农业个体的识别、环境感知、不同设备的连接、各种数据的处理、知识发现以及决策支持等。因此，IoT 技术在智慧农业研究中可以被划分为三大类技术：信息感知技术、信息传输技术和信息处理技术。作物感知技术作为农业 IoT 系统的基础,具有关键性的地位。它包括农业无线射频识别（RFID）技术、传感器技术、遥感（RS）技术和全球定位系统（GPS）技术等一系列典型技术[13]。

1.3.1.1 国外 IoT 技术在智慧农业领域发展现状

为了促进智慧农业领域的进一步发展,一些农业发达国家已经取得了显著的研究成果,尤其是在 IoT 技术的应用方面。自 21 世纪初以来,像美国、澳大利亚和日本等国家,已经成功地进行了 IoT 技术在农业领域的研究和示范应用。这些示范项目在农业资源监测和利用、农业生产管理、农产品加工经营、农产品质量与安全监控等方面实现了 IoT 技术的应用,取得了显著的一体化推广成果。这一系列成功的实践不仅推动了农业 IoT 技术的快速发展,也为农业现代化的建设作出了积极贡献。据报道,在 2014 年,日本已经有超过 50％的农户在实际的农业生产中采用了 IoT 技术,这进一步证明了该技术在农业领域的广泛应用和接受程度[14]。这一趋势突显了 IoT 技术在智慧农业中的关键作用,并为其他国家和地区提供了有益的经验和启示[15]。

在农业 IoT 的感知层面,文献 [16] 和文献 [17] 的研究表明,使用大量传感器形成监控网络,可实时监测田间农作物,并帮助决策系统做出科学决策,且设计的监控系统不仅可以监测农作物,还能准确定位问题节点的位置。斯尔比诺夫斯卡（Srbinovska）等利用 IoT 感知技术测量辣椒大棚的温湿度、土壤 pH 值等环境参数,以提供辣椒的最佳生长条件。以色列光合作用有限公司（Phytech）开发的农业 IoT 监测系统 PTM48 能够实时监测农作物的生长环境,包括土壤参数和空气参数等信息,从而提高农作物的产量[18]。此外,荷兰的相关公司研发的 IoT 智慧大棚系统具有数据追溯功能,可追踪农作物的生长历程及生长环境的变化,并设计了简便易用的人机交互界面,极大地方便了农民的操作,提高了农作物的产量并降低了劳动力成本,有效推动了欧洲等地智慧农业领域的发展[19]。

在农业 IoT 信息处理方面,随着物联网的迅速发展,农业大数据处理和农业物联网开始密切结合。作为智慧农业的主要技术手段,物联网与大数据的结合是实现农业现代化的必然路径。农业数据具有海量、多样和高度关联的特点[20],而云计算是实现智慧农业中海量数据存储和计算服务的重要技术。2018 年,文献 [21] 提出云计算可以促进农业物联网和互联网的融合,成功将物联网技术与大数据相结合,推动智慧农业的发展进入新的阶段。德国、日本等国家已将云计算技术应用于农产品交易平台,实现了智慧农业从农业生产到产品销售的全面延伸[22]。

1.3.1.2　国内 IoT 技术在智慧农业领域发展现状

相对于一些发达国家，我国的智慧农业起步发展稍晚。2009 年，我国将 IoT 列为国家战略性新兴产业，并在国家"十二五"规划中将"农业物联网技术与智慧农业系统"纳入"863"计划的发展纲要。在国家层面，国家"十三五"规划纲要明确提出了积极推进云计算和物联网发展，夯实互联网应用基础，实施农业物联网区域试验工程，推进农业 IoT 应用，提高农业智能化和精准化水平，开展农业 IoT 技术集成应用示范，构建理论体系、技术体系、应用体系和标准体系[23]。

在农业 IoT 感知技术领域，国内对于监测农业生态环境指标和农业生产活动的研究较为广泛。如，余国雄等利用传感器采集荔枝园的光照强度、温湿度和土壤 pH 值等信息，并通过对环境数据的分析来做出相应决策[24]。王嘉宁等运用二氧化碳传感器测量温室大棚空气中的二氧化碳浓度，以实现智能调控温室大棚的空气控制系统[25]。在土壤监测方面，彭炜峰等成功实现了丘陵地区的土壤监测[26]。

在农业 IoT 传输技术层面，柳桂国等提出将蓝牙技术引入温室大棚的环境监测与控制系统中[27]。2006 年，中国农业大学成功应用蓝牙技术进行温室环境数据采集，并设计了基于蓝牙的温室环境采集系统[28]。然而，由于蓝牙通信范围限制在 $10\sim100\text{m}$，其在大范围农田部署方面存在布线复杂的问题。潘鹤立等将 ZigBee 技术与 3G/4G 通信技术相结合，提出了一种分布式的环境监测系统[29]。随着物联网传输技术的不断发展，像 Wi-Fi 这样的局域宽带网络技术和 LoRa、Sigfox 等非授权频谱广域网技术开始在现代智慧农业中得到应用。廖建尚利用 AGCP 协议设计了基于 IoT 架构的农业温室大棚监控系统，试验表明，该系统能够有效监测温室大棚的空气温湿度、二氧化碳以及土壤湿度等农业环境信息[30]。王茂励等在农田信息监测系统中应用了 LoRa 技术，并使用 MSP40 单片机设计了基于 IoT 技术的大田信息监测系统[31]。

总的来说，我国在智慧农业中应用 IoT 技术方面取得了一些发展和突破，但与农业发达国家相比，仍存在较大差距[32]。我国拥有丰富的国土资源和广阔的地域，同时也面临着复杂的地形和多样化的环境问题，这些极端的地理条件使智慧农业的发展受到了一定的限制。在某些特殊环境下，许多 IoT 技术如局域网、广域网和通信技术等的部署都存在困难，无法直接应用。因此，需要继续探索先进的物联网技术，结合计算机控制和大数据处理技术，开发出符合我国实际情况的智慧农业控制系统，最终实现我国粮食的优质高产。

1.3.2 智慧农业通信研究现状

智慧农业的发展离不开通信网络，而通信网络在整个智慧农业系统中扮演着关键的角色。研究智慧农业通信网络对于智慧农业系统的基本架构将产生直接影响，深入研究智慧农业通信网络将促进农业现代化的进一步发展[33]。在国内外，农业现代化都被视为农业发展战略的背景，构建低成本、低时延、低功耗的智慧农业通信网络对智慧农业的进一步发展具有重要意义。高质量的无线传感器网络（WSN）不仅适用于智慧农业，还适用于其他需要无线传感器组网的领域，如智慧医疗、智慧交通等民生领域[34-35]。

随着物联网和无线传感器网络在各个领域的广泛应用，农业物联网凭借其高度自主化和智能化的特点开始在传统农业中展现出潜力。作为智慧农业通信网络和其他无线通信领域的主要技术，物联网和无线传感器网络已经成为 21 世纪的第二大网络技术[36]。无线传感网络由许多微型传感器节点组成，根据通信距离和覆盖范围可分为无线局域网技术和无线广域网技术。无线局域网技术主要包括蓝牙、Wi-Fi、ZigBee 等，适用于短距离通信的主要频段为 2.4GHz 技术。无线广域网技术包括蜂窝移动通信网和低功耗广域网（LPWAN）。蜂窝移动通信技术目前已经经历了四代技术更新，而以实现"万物互联"为目标的第五代移动通信技术（5G）已于 2016年发布，将为农业物联网进一步提升农业数据传输效率带来新的动力。

当前无线通信网络的研究可以分为设备硬件层面和算法策略层面。在设备硬件层面的研究中，主要集中于组网硬件设备的升级和优化，包括天线设计研究、数据节点通信优化，以及网络架构调整和优化等方面[37]。而在算法策略层面的研究中，主要关注传感器节点的部署优化、路由协议优化、网络数据压缩以及网络拓扑结构优化等方面[38]。

1.3.2.1 国外智慧农业通信网络研究现状

1996 年，美国加利福尼亚大学的威廉（William）首次提出了无线传感器网络（WSN）的概念[39]。随后，WSN 开始逐渐被应用于国防、军事、农业等领域，这使 WSN 技术被列入"21 世纪最具影响力技术之一"，从而引领了全球范围内对无线传感器网络的应用研究。2002 年，美国英特尔公司在全球首个葡萄种植园建立了 WSN 系统，成功将无线传感器网络与物联网技术相结合，逐渐形成现代智慧农业的概念。2008 年，时任美国总统奥巴马将"Smart Earth"的概念纳入美国国家战略[40]。此后的几年中，日本、韩国等国家和欧洲等地区都对智慧农业的发展进行了重要部署。

在组网硬件设备的研究升级方面，国外学者致力于研究具有低功耗、广覆盖、低成本和低时延的网络节点，以应对农田广阔和复杂环境对网络节点部署成本和时延的影响。如，Adegbija 等通过设计更高效的微处理器来提高整体无线网络的效率[41]。此外，Yang 等通过提高功能单元的效率，降低网络时延以提高无线网络效率[42]。然而，在提高无线网络效率的同时，无法降低由网络提效所带来的网络传输成本增加，为应对这一问题，一些专家集中研究算法和通信协议的优化。

在算法策略层面，随着人工智能的不断发展，各类算法开始在不同场景中应用。在智慧农业初期，传感器节点往往是随机部署，为了提高整体网络的覆盖率，需要不断增加通信设备，庞大的通信设备量会导致整体网络的效率低下。在智慧农业广泛应用和发展迅速的背景下，研究人员需要综合考虑网络的各项性能指标。这些指标包括网络时延、网络带宽、网络成本和网络丢包率等方面。然而，仅针对单一指标进行优化可能会对其他指标的性能产生不利影响。因此，农业通信网络中的多目标优化问题成为当前研究的焦点。这意味着需要在不同性能指标之间找到平衡，以确保网络在各方面都能够有效地满足智慧农业的需求。一些国外学者对智慧农业通信网络的多目标优化问题进行了建模和部署，提出了新的求解思路。仿生群优化算法在人工智能领域的成功应用，如蚁群算法、蝙蝠算法、灰狼算法等[43-44]，在一定程度上解决了网络的多目标优化问题，但需要学者根据不同的传感网络对算法进行不同程度的改进和适应。

1.3.2.2　我国智慧农业通信网络研究现状

我国虽然在农业信息化方面起步较晚，但随着信息化时代的到来，国家对农业信息化和智能化的重视逐渐增加。清华大学、中国农业大学等高等学府以及相关农业研究院对智慧农业网络部署进行了深入研究[45]。此外，我国"十四五"规划纲要中明确将"发展和建设智慧农业"提升到国家战略层面。然而，我国学者在初期主要研究的是智慧农业的应用层面，即智慧农业设备和系统的设计。随着农业应用领域的扩大和农业环境的复杂性等问题的出现，国内专家学者的研究方向逐渐从应用层面转向网络层面的优化和研究，致力于通过网络层的优化解决农业物联网中的各种问题。

到 2020 年，我国在智慧农业通信技术的组网硬件设备研究升级方面取得了显著进展。相关研究院和科技公司，如华为和亿佰特等高科技公司,提出了利用工业和农业物联网技术推动信息化进程,为工业和农业智能化提供有效解决方案。主要通过研究高效节能的传感器设备和通信设备,并应用边缘计算、多设备接入等方法,在硬件和软件层面对物联网通信网络进行了全方位优化,提升了智慧农业通信技术的性能和效率[46]。

在算法策略层面,国内专家学者的研究方向逐渐与国际学术接轨,通过发展快速发展的人工智能算法来解决网络结构优化中的问题。丁晨阳等提出了改进的粒子群优化算法,用于优化农业物联网中传感器的部署机制[47]。岳雪峰通过优化路由协议,研究了基于分簇的无线可充电传感器网络路由算法[48]。这些相关研究在信道复用[49]、网络拓扑[50]等方面,都取得了一定的优化结果。此外,在仿生群优化算法方面,国内也对传统算法进行了不同程度的改进。胡坚等利用改进的布谷鸟搜索算法,对水质监测网络的传感器部署进行了优化[51]。Zhou 等提出了基于虚拟力算法的部署机制,能够引导传感器移动并获得更好的覆盖效果[52]。丁晨阳等针对粒子群优化算法在传感器部署中存在的问题,提出了改进的 PSO - SA 算法,其中引入了模拟退火算法的接受规则,防止陷入局部最优,最终覆盖率达到 87.6%[53]。此外,Wang 等提出了一种新的鲸群优化算法,通过与逆向学习算法相结合,使初始种群分布更合理,提高了节点的搜索能力。改进后的算法在相同节点数量的情况下比基本算法的节点覆盖率高 12.6%[54]。刘昊等利用维诺图优化飞蛾扑火算法优化中继节点,获得高连通率、高覆盖率、低功耗的仿真结果[55]。在蚁群算法方面,Sun 等提出了改进的蚁群路由算法,明显降低了平均能耗,改进后的算法能耗比其他算法降低至 1/4,延长了无线传感器网络的生命周期[56]。Tian 等提出了一种基于改进遗传算法和二元蚁群算法的最优覆盖方法,结果表明,该方法比传统遗传算法的覆盖率提高了 0.6%[57]。另外,侯梦婷等在传统蚁群算法的基础上,通过引入角度因子进行路径方向引导,建立多路径决策模型,使源节点可以选择性能最好的路径进行较可靠的数据传输[58]。这些研究表明,优化通信网络不仅在智慧农业的发展中有应用,也适用于其他需要物联网组网的领域。这些方案的研究对于推动智慧农业通信网络的发展起到了重要作用。

1.3.3 深度学习在农业病虫害监测识别领域研究现状

在当今人工智能技术全面发展的背景下,人工智能技术在各个领域中扮演着极其重要的角色,并具有重大实际意义。作为人工智能技术的主要分支之一,深度学习在图像分类识别、目标检测、语义分割等领域展现出重要的应用价值，其中卷积神经网络（CNN）是其代表技术之一[59]。与此同时，深度学习在农业问题中的研究也备受关注，无论是国内还是国外，将深度学习技术应用于农作物的生长状态检测以及病虫害的识别都成为主要的研究方向。

1.3.3.1　国外关于深度学习在农业病虫害识别研究现状

在国外，机器学习早在 20 世纪七八十年代就开始在农业领域得到应用[60]。2013 年之后，随着人工智能技术的不断发展和演进，国外学者开始使用深度学习技术开展农作物病虫害的识别研究，并取得了一些研究成果。Kamilaris 等在总结深度学习基本概念、发展过程、主流算法以及相关模型架构的基础上，综述性地探讨了深度学习的研究进展[61]。Singh 等研究了深度学习在农作物表型诊断和胁迫方面的应用[62]。Mohanty 等运用迁移学习技术，将 GoogleNet 和 AlexNet 等深度学习模型进行迁移学习，并将训练好的模型应用于农作物病虫害检测中，对深度学习在农业病虫害识别领域的发展具有重要意义[63]。Fuentes 等基于深度学习提出了一种农作物病虫害检测算法，成功识别出多种番茄病虫害，准确率达到了83.1%[64]。Ramcharan 等将多个卷积神经网络进行迁移学习，利用 Inception - V3 模型对木薯的常见病虫害进行识别，结果显示该模型能够准确识别木薯的常见病虫害，准确率高达 93%[65]。Athanikar 等提出基于神经网络的 K - means 算法，用于马铃薯叶片的健康分类检测，试验结果表明，BPNN 算法能够有效检测出马铃薯的病斑，准确率达到 92%[66]。Fuentes 等针对番茄病虫害识别，在传统的 CNN 上加入各类别的精细化过滤器组，解决了训练过程边界框生成器的误报问题，使识别准确率提高到 96%[67]。Yadav 等提出了一种基于成像方法的 CNN 模型，实现了对桃叶细菌性斑点病的检测，识别准确率达到 98.75%[68]。

1.3.3.2　我国关于深度学习在农业病虫害识别研究现状

在我国，针对农作物病虫害领域的深度学习研究起步较晚，并且主要停留在理论阶段，实际应用较为有限[69]。然而，随着我国人工智能的不断发展和相关技术的进步，国家逐渐重视对人工智能在各个领域的应用，深度学习技术在农作物病虫害识别领域也取得了相应的研究成果。周正运用深度学习和机器视觉技术，针对西红柿叶片常见的病害特征，进行了相关识别算法的研究，为西红柿病害的识别提供了有效的参考[70]。杨断利等针对西红柿病害识别，综合运用了图像处理、深度学习、模式识别和色度学等方法，显著提高了西红柿病害识别的准确率[71]。孙俊等提出了一种基于 CNN 的识别模型，能够有效识别多种农作物叶片病虫害，提高了在复杂环境中农作物病虫害的识别准确率，且不受叶片空间位置的影响，最优准确率达到 99.56％[72]。张建华等对 VGGNet–16 进行改进，提出了棉花病害的识别模型，并优化了全连接（FC）层的数量、激活函数以及模型结构和参数，试验结果显示，对于五种常见的棉花病虫害的识别准确率达到了 89.51％[73]。王献锋等提出了一种基于自适应判别深度信念网络的棉花病虫害预测模型，对实际棉花"棉铃虫、棉蚜虫、红蜘蛛"虫害和"黄萎病、枯萎病"病害的平均预测准确率为 82.84％[74]。陆雅诺等针对小样本啤酒花病虫害，基于注意力机制改进了深度残差网络 ResNet 模型，改进后的模型识别准确率达到 93.27％[75]。项小东等提出了一种基于 Xception 模型的植物病虫害识别方法，将多尺度卷积与组卷积结合，同时引入密集连接方式，提高特征图之间特征重用，该方法的综合准确率为 91.90％[76]。

总体而言，国内外在深度学习在农作物病虫害识别领域的研究主要集中在个体叶片较大的农作物，例如西红柿、葡萄和棉花等[77]。这主要是因为这些植物在试验环境和自然环境中的样本差距较小，更容易进行模拟和仿真试验。

1.3.4 农业图像干旱识别领域研究现状

在传统的干旱监测方法中，包括土壤水分监测、气象干旱监测、高光谱图像、热红外成像技术、叶绿素荧光技术等，这些方法虽然能对农作物干旱进行判断，但都存在一定程度的滞后性或局限性[78]。对于农业灌溉区来说，土壤水分监测是农业干旱常用的干旱监测技术[79]，但由于存在监测范围小、监测精度低等问题，其应用也有一定的限制。气象干旱监测具有一定的局限性，因为灌溉只是改变土壤水分状况，适用于土壤水分监测方法，而无法直接改变气象干旱监测系统中的空气温度和湿度[80]。为了直接基于监测作物表型干旱胁迫的研究，高光谱图像技术、热红外成像技术以及叶绿素荧光技术等被应用于作物的冠层和叶片水分状况的诊断和监测[81]。在干旱胁迫下，叶片气孔关闭，蒸腾速率下降，导致叶片温度升高[82]。Romano 等使用热红外成像技术对玉米表型叶片的抗旱性进行分析，筛选抗旱玉米品种[83]。Mangus 等通过对高分辨率的热红外图像进行分析，得到冠层温度与土壤水分的关系[84]。热红外成像技术虽然能够通过监测作物冠层空气温差得到作物干旱胁迫信息，但因其受限于空间覆盖范围，同时也受到作物品种和环境条件的影响[85]。高光谱图像技术通过光谱特征反映作物的胁迫状态[86]，通过分析干旱敏感带的反射特性，可以监测作物的干旱胁迫情况，其中干旱敏感带波长为 1200～2500nm[87]，在作物干旱胁迫监测中得到广泛应用。叶绿素荧光技术只是对作物的早期干旱胁迫较为敏感，对严重干旱胁迫的监测则由于叶绿素荧光参数难以进行，因此，叶绿素荧光技术仅限于作物幼苗期或小型植物的干旱监测研究。

目前，田间作物表型的干旱监测仍然是一个非常具有挑战性的任务。随着计算机视觉和图像处理技术的发展，基于二维数字图像的深度学习方法在作物干旱胁迫的识别和分类中得到了广泛的应用[88]。与人为诊断干旱相比，使用深度学习技术的干旱胁迫识别和分级更加准确和客观[89]。与传统的机器学习相比，深度学习能够实现更高的识别精度[90-91]。深度学习可利用多层卷积计算来提取图像特征[92]，能够自动提取图像的颜色、纹理、形态以及更为抽象的表型特征。基于二维数字图像处理的作物表型研究具有方便快捷、无损精确且成本低的特点，数字图像的采集和存储也非常便利[93]。深度学习模型已被证明是一种优于以往图像识别技术的方法[94]，大量研究表明深度学习模型具有高识别精度和广泛的应用范围等优势[95-96]。An 等通过提取盆栽玉米的颜色、纹理和形态来识别在不同干旱胁迫下的情况（适宜、轻旱和中旱），结果表明，在三个干旱胁迫处理之间存在混淆的图像样本，两个相邻的干旱胁迫处理之间更容易发生混淆[97]。Hasan 等通过连续获取田间监视器下盆栽玉米苗期和拔节期的适宜、轻旱和中旱胁迫的数字图像，并利用深度学习方法对盆栽玉米在不同生育期的干旱胁迫进行识别和分级，结果表明，深度学习模型对玉米的识别准确率达到 98.14%，混淆矩阵显示两个相邻干旱处理之间的图像样本存在混淆现象[98]。安江勇利用实验室盆栽冬小麦试验和控旱方法拍摄图像，并利用图像深度学习模型对干旱进行识别和分级，结果表明，不同干旱处理下连续相邻干旱处理之间的图像样本存在混淆，轻旱、中旱、重度干旱胁迫的识别精度较低[99]。

目前，通过作物表型特征对作物干旱胁迫的诊断具有一定的局限。对作物干旱胁迫进行无损、精确和快速的诊断和监测，必须利用多源传感器获取作物表型信息，并综合作物土壤墒情、气象参数，结合多模态融合算法对作物干旱胁迫开展研究，将是未来发展的重要方向[100]。

1.3.5 智慧农业管理系统研究现状

在大田种植领域，农业 IoT 应用的主要目的是大田信息全面感知，通过部署在田间的各种类型的传感器获取农田资源环境信息、农田气候、土壤肥力、土壤含水量、土壤温度、农作物生长状态、病虫草害情况、农机作业情况等。农业 IoT 系统对采集到的信息进行智能分析和诊断，然后决策，从而实现作物的精确调节灌溉量和施肥量，实现高产高效栽培，以及综合防治病虫草害等工作，提高农业生产的效益和可持续发展。

美国、加拿大和澳大利亚等发达国家将 IoT 技术应用于大田作物种植中的农田生长环境监测、大田生产中的信息采集以及智能灌溉施肥和灌溉控制等方面，通过 IoT 技术和系统决策方法实现区域农业的统筹规划和管理。法国利用通信卫星技术建立了完善的农业区域监测网络，对灾害性天气和病虫害进行预测和警示，同时指导农业精准灌溉、精细施肥及合理施药等农业生产。Bowman 利用 RFID 技术动态监测果树生长状况等信息[101]。Jeonghwan 等利用 IoT 技术和 GPS 技术设计了一个农田生产环境信息监测系统，把部署在农田的 WSN 环境和土壤传感器采集的位置信息、土壤信息、气象信息以及图像信息传输到远程服务器，经过数据分析决策后提供给生产劳动者，能够明显提高农业生产管理水平及作物质量[102]。Yunseop 等通过 WSN 和差分全球定位等技术设计了一种可远程监测系统和实时控制的精密变量灌溉系统，该系统能够同时定点采集 6 个农场的田间土壤墒情数据，并通过科学决策和精确灌溉，促进了农业生产的智能化和精细化[103]。

我国已经开发了一种结合遥感技术和地面监测站的墒情监测系统，可实现对全国各省（自治区、直辖市）、主要市县农业环境信息的实时监控、网络互联和信息共享。例如，国家农业信息化工程技术研究中心开发了基于全球导航卫星系统（GNSS）、地理信息系统（GIS）和通用分组无线服务（GPRS）等技术的农业作业机械远程监控指挥调度系统，有效避免了农机盲目调度，优化了农机资源的分配[104]。夏于等设计了一种基于 IoT 的小麦苗情远程诊断管理系统，通过采集远程监控节点的动态数据，并对小麦苗情生长数据、田间环境、土壤墒情等指标进行综合分析，以数据表格、文字、图片、视频等多方式输出，进行综合分析诊断并生成小麦生产管理调优方案[105]。吴秋明等设计了一种基于 IoT 的棉花智能微灌系统，在新疆库尔勒棉花智能化膜下滴灌示范区取得了良好效果，为棉花灌溉决策与管理提供支持[106]。张帆等利用智能气象站和高精度土壤温湿度传感器等设备，建立了基于 IoT 技术的田间墒情监测系统，采集作物生长数据并进行数据分析及决策，为农业抗旱减灾、精准灌溉及节水提供技术支持[107]。

这些技术的应用推动了农业生产的智能化发展[108]。

1.4　小麦生长监测及智能诊断存在的主要问题

冬小麦的生长监测与智能诊断是冬小麦智能管理中需要亟须解决的关键问题。这涉及对冬小麦生长状态的有效数据采集、可靠数据传输、准确数据分析以及基于数据建模的诊断辅助决策。传统的无线传感器组网策略，如 Wi-Fi、蓝牙和 ZigBee 等，适用于小范围内的作物信息感知、采集和传输。传统的冬小麦干旱监测依赖土壤水分传感器或气象干旱指标的收集，病虫害的检测则依赖机器学习方法或农业种植经验。然而，这些传统监测方法存在一系列问题，包括监测手段有限、监测技术相对滞后、智能诊断程度不高，无法满足大规模农田冬小麦生长智能化管理的新需求。存在的主要问题如下：

（1）冬小麦大田物联网信息感知及 WSN 高可靠传输有待进一步提升。传统农作物 WSN 存在传感器数量多且随机部署、监测系统缺乏考虑整个 WSN 的连通性和覆盖范围等问题，导致网络节点的利用率低、功耗大、成本高，而仿生群优化算法为解决传感器节点的多目标优化问题提供了新思路。由于传统的农作物监测数据融合方法只是平均加权融合或 Kalman 滤波融合，鲁棒性低，易受无效极端数据的影响，因此设计一种新的复合融合算法，确保减少无效数据，可有效提高数据融合效率。

冬小麦大田部署的 WSN 易受自然气象条件、地理地势特征和传播噪声等因素的影响，导致传统的 Wi-Fi、蓝牙、ZigBee 等无线传感器组网策略存在通信速率低、传输距离短、中继功耗高、传输可靠性差等问题。因此，设计一个适用于大田环境的智慧农业 WSN 组网策略和系统架构，以确保在带宽、丢包率、时延以及能耗等多个权衡指标方面综合评价良好，对于监测数据的高可靠传输具有重要意义。

（2）缺乏冬小麦生育阶段智能识别方法。在冬小麦的生产过程中，传统的生育阶段研究方法是依赖专业人员的经验判断或机器学习图像处理的方法，耗时耗力，且分类准确率较低，易受实际环境及自然条件等因素的影响。传统的图像分割模型存在图像分割边缘模糊、提取特征不精确等问题，由于缺乏通用的图像分割算法，导致算法的扩展性受限，难以有效提取生育阶段的关键特征信息，从而影响了生育阶段的准确识别。传统的图像分割及图像分类识别方法无法满足有效生产活动和科学种植的需求。因此，需要一种更加可靠和有效的冬小麦生育阶段识别方法。

（3）冬小麦病虫害识别精准度有待提高。传统小麦病虫害识别方法主要包括两种。一种方法是依赖工作人员进行巡查，在巡查过程中，农业生产者主要依靠自己的观察和种植经验来判断和做出决策。然而，当农作物受到病虫害侵害时，农业生产者有时无法准确识别病虫害的类型，这会导致农业生产者难以有针对性地采取措施，比如精确喷洒杀虫剂。另一种方法是利用机器学习技术进行辅助识别，尤其是基于图像处理的方法，进行自动检测病虫害。然而，在这一领域，目前缺乏通用的图像分割模型，这导致了算法的扩展性受限，难以有效地提取病虫害的关键特征信息，从而影响了病虫害的准确识别率。因此，需要进一步研究和发展更高效、准确的病虫害识别技术，以提高农业生产的效率和质量。

（4）大田冬小麦干旱胁迫监测智能化不足。当前作物干旱胁迫的研究大多采用单一干旱指标，但干旱形成机理复杂，影响因素众多，仅单项指标难以客观全面反映干旱胁迫实际状况。因此需要综合土壤水分、气象、作物发育等多方面因素，尤其是生长发育过程中的作物表型特征信息，考虑使用多源传感器获取作物表型信息，并综合作物土壤墒情、气象参数，结合多模态融合算法对作物干旱胁迫开展诊断和监测研究，将是未来发展的重要方向。

（5）缺少多源数据融合的智能诊断系统。传统冬小麦病虫害及干旱诊断严重依赖农业专家知识，易受农业经验影响，缺乏诊断的精准性。目前基于冬小麦监测数据的智能诊断方法研究较少，没有充分利用海量监测数据中所隐含的内部规律和特征信息，缺少基于监测数据的智能分析模型，缺少能够融合信息、文本、图像、视频等多源数据的诊断系统方面的研究。

1.5 主要研究内容与技术路线

1.5.1 主要研究内容

本书面向智慧农业，针对冬小麦生产过程中农业大田监测诊断技术落后、效率偏低等问题，研究无线传感器节点部署策略、WSN 混合组网策略以及复合融合算法，构建冬小麦生育阶段分类识别模型、病虫害精准识别模型，开展生长过程干旱胁迫监测研究，研发河南省冬小麦生长过程智能诊断系统。主要研究内容如下：

（1）WSN 混合组网策略及网络服务质量评价。根据智慧农业大田环境条件下监测的特点和需求，采用有线、无线混合组网方式，利用 LoRa 技术的低功耗和远距离通信特点，设计数据采集与传输协议完成 WSN 混合组网技术，确保高可靠传输，以减少丢包率和提高接收信号强度。采用定性判断和定量分析相结合的方式，对 WSN 混合组网策略进行综合评价。针对传统的农作物 WSN 传感器节点随机部署、数量多且覆盖范围小，导致传感器节点的利用率低、功耗大、传输慢等问题，通过群智能优化算法构建传感器节点最优部署策略，提高节点部署覆盖范围，同时降低部署数量。针对 WSN 多传感器节点数据融合鲁棒性不高问题，设计一种复合融合算法，对数据进行加工处理，减少无效数据，对网内数据进行有效融合，以提高信息传输可靠度和数据传输效率。

（2）基于改进的 Faster R-CNN 的冬小麦生育阶段分类识别。在冬小麦的生产过程中，传统研究方法难以有效地提取生育阶段的关键特征信息、检测用时较长且分类准确率较低，随着冬小麦种植规模的不断扩大，导致图像处理方法过于烦琐从而增加了大规模推广的难度，无法满足有效生产活动和科学种植的需求。为进一步提高生育阶段分类准确率，构建一种深度可分离卷积的冬小麦分割模型对图像进行精准分割，使用深度学习 VGGNet-16 模型提取冬小麦图像特征并进行学习，使用区域生成网络（RPN）生成区域候选框构建改进的 Faster R-CNN 目标检测模型，使用分类器对图像候选框进行回归训练和分类训练，实现冬小麦生育阶段的准确识别划分，开展冬小麦主要生育阶段分类识别研究。

（3）基于 VGGNet-16 的冬小麦生长过程病虫害精准识别。大田冬小麦图像采集中易受光照不均匀、复杂背景产生噪声等影响，导致存在图像分割及特征提取困难、病虫害识别精准度低、监测时间长等问题，优选深度学习 VGGNet-16 作为基础网络，开展病虫害识别研究。针对数据样本少且病虫害类型准确率分布不均问题，使用数据扩充方法扩充数据。为了进一步提高病虫害的准确识别率，在数据扩充的基础上，提出迁移学习改进和引入注意力机制改进两种方法，构建基于深度学习的冬小麦病虫害精准识别模型。

（4）基于多模态深度学习的冬小麦生长过程干旱监测。针对在干旱胁迫下应用作物单一表型特征对作物干旱胁迫的诊断仍存在一定局限的问题，通过 WSN 网络获取作物气象干旱信息，并融合冬小麦颜色、纹理和

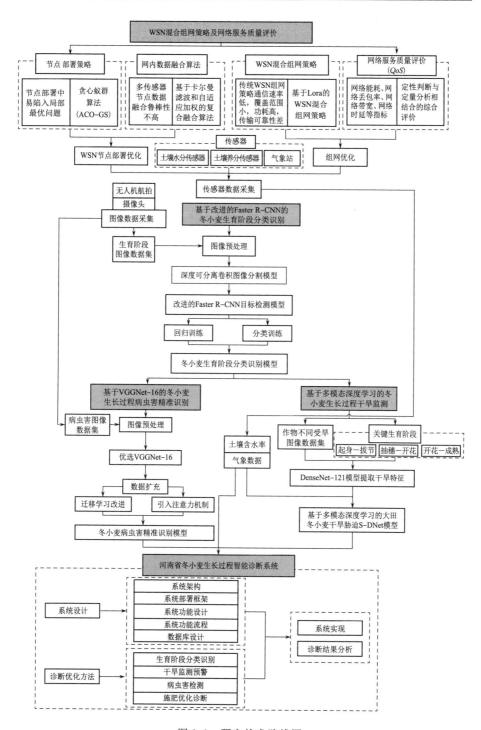

图 1.1 研究技术路线图

形态及生理特征参数，构建基于多模态深度学习 S-DNet 模型的冬小麦关键生育期干旱胁迫识别模型，开展生长过程干旱监测研究。

（5）河南省冬小麦生长过程智能诊断系统。将 WSN 部署与数据采集传输、病虫害识别、干旱胁迫识别及分级进一步集成整合，运用物联网技术、大数据技术、深度学习、多模态融合等先进信息技术，引入天气预报等联网数据，研发河南省冬小麦生长过程智能诊断系统。

1.5.2 技术路线

本书以河南省冬小麦生长过程监测与智能诊断为目的，以传感器部署组网→监测数据采集→生育阶段分类识别→病虫害及干旱精准识别→生产智能诊断为主线，研究智慧农业 WSN 混合组网策略，以及冬小麦生长过程病虫害监测及干旱监测识别方法，并研发河南省冬小麦生长过程智能诊断系统，旨在提高河南省冬小麦生产过程的智慧化管理，为河南省冬小麦的稳产增产提供理论基础，为实现冬小麦生产过程中的系统化、智能化、精细化管理提供了重要的科学支撑。具体的技术路线见图 1.1。

第 2 章　研究区概况及冬小麦典型灾害特征

2.1　河南省概况

2.1.1　地理位置

河南省位于我国中东部，黄河的中下游地区，总面积约为 16.7 万 km²，地貌主要由山地（约占 26.6%）、丘陵（约占 17.7%）、平原（约占 55.7%）和盆地组成。在河南省的西北部和西部，主要是山地地貌，包括太行山、小秦岭、伏牛山等山脉。其边界范围为北纬 31°23′～36°22′，东经 110°21′～116°39′。

2.1.2　土壤、水系与水资源

河南省的土壤类型主要包括黄土、河流冲积土和盐碱土，其中黄土分布广泛，适宜小麦、玉米、棉花等农作物的种植。河南省的土壤还具有较强的保水保肥能力，能够在干旱或贫瘠的条件下保持一定的农作物产量。

河南省横跨长江、淮河、黄河和海河四大流域，总流域面积达到 5.02 万 km²。河南省年平均水资源总量为 403 亿 m³。地表水资源量为 302.7 亿 m³，浅层地下水资源量为 196 亿 m³。水资源总量在全国排名第 19 位，人均水资源占有量为 524m³，低于全国平均水平。

2.1.3　气候特点

河南省位于亚热带向暖温带过渡地区，属于温润半干旱气候。该地区具有明显的大陆性季风气候特征，多年平均气温为 15.1℃，多年平均降水量为 778mm。由于受到季风气候和地形的影响，降水量在时空分布上极不均匀。自北向南，多年平均降水量从 600mm 递增至 1200mm，年际降水量变化波动较大。多年平均水面蒸发量约为 1000mm。年内降水分布也不均匀，夏季和秋季常有洪涝灾害发生，而冬季和春季降水较少，旱情频发。6—9 月的降水量为 350～700mm，占全年降水量的 60%～70%。

2.1.4　耕地面积及作物种类

近几年河南省的粮食播种平均总面积为 1470 多万 hm^2，粮食产量平均为 6700 万 t，其中小麦平均产量达 3700 万 t，占比 55% 以上。河南省的土壤类型和气候条件为多种作物的生长提供了有利条件，黄土地貌的广泛分布使小麦等谷类作物在该地区的生产得到了良好的支持，而适宜的气候条件也为棉花等经济作物提供了有利的生长环境，河南省主要耕种的作物包括小麦、玉米、稻谷、大豆、花生、棉花等。河南省农业生产涵盖了多种主要作物，是我国的农业大省。

2.1.5　农业劳动力人口及农业产值

河南省作为我国农业大省，农业劳动人口一直是支撑农业发展的关键因素。全省 2021 年就业人员总数为 4840 万人，其中从事第一产业人数为 1172 万人，占从业人员总数的 24.2%，这一庞大的农业劳动力队伍为农业生产提供了充足的人力资源，为确保农田的耕作、种植和收获提供了坚实的基础。农业产值是评估农业经济健康状况的重要指标，也是农业发展的重要考量之一。根据《河南统计年鉴》的数据，2021 年的农林牧渔业产值为 10501.20 亿元，其中农业产值为 6564.83 亿元，占比达到 62.52%。这一数字反映了河南省农业生产的经济规模，同时也是农业劳动力贡献的具体体现。

2.2　冬小麦病虫害发生规律及防治现状

2.2.1　河南省冬小麦生长规律

河南省冬小麦一般在 9 月下旬至 10 月中下旬开始播种，次年 5 月底至 6 月初收获，生育期 220～260 天。在整个生长过程中，冬小麦会经历一系列器官特征和特性的变化，这些变化受到内部遗传特性、生理特性和外界栽培环境的相互作用影响。为了便于管理，根据小麦的生育特点，通常将其生长划分为 12 个生育期,包括出苗、三叶、分蘖、越冬、返青、起身、拔节、孕穗、抽穗、开花、灌浆和成熟。在河南省冬小麦生长研究中,通常选择几个关键阶段进行研究,例如播种至越冬期为 130~150 天;返青至抽穗期为 2 月中旬至 4 月下旬,这是冬小麦营养器官和生殖器官迅速生长发育的阶段;抽穗至成熟期一般为 4 月底到 5 月底或 6 月初,约为 30~40 天,这一时期对小麦的结实率和粒重至关重要。

2.2.2 冬小麦主要病虫害特点

冬小麦的病虫害会对冬小麦的产量和质量产生重大影响。在冬小麦的生长过程中,常常受到各种病害和虫害的侵袭,给农民经济收益带来了严重的威胁。为了更好地了解和应对这些问题,对主要病害和虫害发生的季节以及其对冬小麦的影响进行深入分析显得尤为重要。主要的冬小麦病害包括白粉病、秆锈病、赤霉病、叶枯病等。白粉病是河南省冬小麦最常见的病害之一,由真菌引起,会导致冬小麦叶片上白色粉末状的病斑,严重时可使叶片变黄枯死,影响光合作用和养分吸收,从而降低产量。秆锈病是由锈菌引起的病害,其症状表现为冬小麦叶片上出现红色锈斑,严重感染可导致叶片衰弱、减产和死亡。赤霉病和叶枯病也是河南省冬小麦的常见病害,会导致冬小麦籽粒受损和减产。除病害外,冬小麦也受到蚜虫、螟虫等虫害的威胁。蚜虫是河南省冬小麦最为常见的虫害之一,它们通过吸食植物汁液,引起叶片萎缩、凋谢和传播病毒,进而影响冬小麦的生长和产量。主要病害和虫害的发生季节和对应的蔓延特点、危害特点如下[109]:

(1) 白粉病。白粉病通常在冬季和早春发生,尤其是在湿度较高的条件下。白粉病是由白粉菌引起的病害,影响冬小麦的叶片。它的蔓延特点是通过孢子在植物表面传播,形成白色粉状物。白粉病严重影响冬小麦的光合作用和叶片功能,导致冬小麦减产。它的危害特点是破坏叶片的正常功能,影响养分吸收和转运,导致产量减少和品质下降。

(2) 秆锈病。秆锈病主要发生在冬小麦的抽穗至灌浆期,通常发生在春季和初夏。秆锈病影响冬小麦的叶片和茎部,导致光合作用和养分吸收受阻。它的蔓延特点是通过菌丝在植物体内扩散,引起茎部变形和裂纹,从而影响冬小麦的稳定性和正常生长。秆锈病对产量的危害主要体现在减少光合产物的积累和减少籽粒数量。

(3) 赤霉病。赤霉病主要发生在冬小麦的拔节至灌浆期,通常发生在春季和初夏。赤霉病通过空气传播，感染冬小麦的穗部。严重的赤霉病会导致冬小麦产量降低和品质下降。它的蔓延特点是通过破坏冬小麦的穗部结构和功能来影响产量。

（4）蚜虫。蚜虫主要在冬季和早春发生，对冬小麦的危害最为严重。蚜虫通过吸食冬小麦汁液，导致冬小麦叶片黄化、凋萎和生长不良。蚜虫的蔓延特点是通过空气传播和迁飞，迅速扩散到大面积的冬小麦田。蚜虫对产量的危害主要是通过直接吸取养分导致植物生长受阻，并促使病害的传播，从而降低冬小麦产量和品质。

以上病虫害在冬小麦不同的生育阶段发生，并通过不同的途径和方式危害冬小麦的生长和发育，影响冬小麦的产量和品质。了解河南冬小麦病害和虫害的发生季节及对应的蔓延特点、危害特点有助于制定科学的病虫害防治策略，保障冬小麦的健康生长和高产稳产。

2.2.3　主要病虫害对小麦产量的影响

2023 年 4 月 11—12 日，全国农业科技中心在河南省郑州市组织召开2023 年全国小麦病虫害发生趋势会商会，交流前期小麦病虫害发生情况和监测防控技术研究进展，会商研判下阶段重大病虫害发生趋势，安排部署以小麦为主的夏粮病虫害监测预警重点工作。经会商分析和综合研判，预计下阶段全国小麦病虫害总体偏重发生，发生面积 8.8 亿亩次，其中病害发生 4.8 亿亩次，虫害发生 4.0 亿亩次，特别是白粉病、赤霉病、秆锈病和蚜虫等重大病虫害在主产麦区基数偏高、寄主和气象条件适合，有重发流行风险。这些病虫害会在小麦的生长季节内发生，特别是在温暖潮湿的环境下更易流行。它们通过破坏叶片和传播病毒等方式影响小麦的生长和产量。因此，及时监测和有效防治小麦病虫害对于保障河南省小麦产量的稳定和提高具有重要意义。

河南冬小麦在生长过程中可能受到多种病害和虫害的侵袭，对产量和品质造成不同程度的危害。为了研究小麦中后期病虫害对产量的影响，2021—2022 年在华北水利水电大学农业高效用水实验场开展了试验。试验采用大区对比的设计，选用了"郑麦 9023"小麦品种，设置了针对主要病虫害（白粉病、秆锈病、赤霉病、蚜虫）的防治与不防治的对照试验。在小麦灌浆后期观察病虫害的发生情况，并在收获期测量样品植株的穗数、穗粒数和千粒重。表 2.1 和表 2.2 展示了不同病虫害发生轻重情况以及对小麦产量的影响结果。

表 2.1   病虫害发生轻重情况表

措 施	蚜 虫		赤霉病		秆锈病		白粉病	
	穗被害率/%	百穗虫数	发病率/%	发病指数	发病率/%	病级	普遍率/%	严重度/%
防治	7	24	9	4.98	0	1	12	6（以下）
不防治	16	125	32	26.45	15.5	0	22	21

表 2.2   不同病虫害对小麦产量影响

病虫害	措施	穗数/(万/hm²)	穗粒数/粒	千粒重/g	产量/(kg/hm²)	增幅/%
蚜虫	防治	535.0	33.2	40.4	6543.3	11.7
	不防治	542.0	29.8	40.1	5856.5	
赤霉病	防治	531.5	38.4	43.0	6872.5	12.2
	不防治	540.5	31.6	42.4	6126.5	
白粉病	防治	637.5	31.2	46.5	6894.5	2.5
	不防治	615.5	29.8	45.3	6725.5	
秆锈病	防治	615.5	31.3	49.0	6954.0	4.8
	不防治	581.5	29.8	46.2	6630.0	

2.2.4 主要病虫害防治现状

目前病虫害防治的主要手段包括人工防治和无人机技术等[110]。人工防治主要包括农药喷洒、病虫害监测和田间管理等。无人机技术则提供了更高效和精确的病虫害监测和防治能力。

人工防治是常用的病虫害防治手段。农药喷洒是其中一种主要方法，可以通过定期喷洒农药来控制病虫害的发生和蔓延。此外，定期的田间病虫害监测也是重要的手段，可以及早发现病虫害的存在并采取相应的防治措施。田间管理措施如清除病虫害源、调整种植密度和施肥管理等，也能减少病虫害的发生和蔓延。

无人机技术在病虫害防治中发挥着重要的作用。无人机通过搭载遥感设备和摄像头，能够快速、高效地获取农田的图像和数据，这些数据可以用于监测农田的健康状况、病虫害的发生情况以及植被的生长状态。结合深度学习训练模型，可以对这些数据进行分析和识别，从而实现自动化的病虫害监测和诊断。

然而，河南省现有的病虫害防治方法仍存在以下缺点：

（1）农药使用带来环境和食品安全风险。长期大量使用农药可能导致土壤和水源污染，对生态环境造成负面影响。过量使用农药还可能导致农产品中残留物超标，对人体健康构成威胁。

（2）人工调查和监测方法受限。传统的田间调查和监测通常依赖人工经验，耗时且存在主观性，这可能导致病虫害的漏报或误判，影响防治效果。

（3）无人机技术的挑战。无人机在农田环境中的飞行控制和图像处理需要更高的技术水平。此外，数据处理和算法的准确性仍需改进，以提高病虫害的检测和诊断准确性。

农药使用带来环境和食品安全风险，人工调查和监测方法受限，无人机技术仍面临技术挑战。因此，需要不断改进和创新防治方法，提高病虫害监测和防治的准确性、效率和可持续性。深度学习模型的应用有望在识别小麦病虫害方面提供新的解决方案，但在数据处理和算法的准确性方面仍需进一步探索。

2.3　冬小麦干旱灾害发生规律及抗旱减灾现状

2.3.1　冬小麦干旱灾害类别

冬小麦是一种适应寒冷季节生长的作物，它对干旱灾害虽具有一定的抵抗能力，但干旱灾害对其生长和产量也会造成严重威胁。河南省由于其特殊的地理位置以及气候复杂多样，干旱灾害频繁发生，持续时间长且年际间变化不同，对小麦生长发育和产量的影响也较大。以下是对河南省冬小麦干旱灾害等级、主要发生季节、主要发生生育阶段以及干旱类别的综合分析[111]。

（1）干旱灾害等级。冬小麦的干旱灾害等级通常根据降水量和土壤湿度等指标进行评估。常见的干旱等级划分包括轻旱、中旱、重旱和特旱。轻旱表示一定程度的干旱，对冬小麦生长产生较小的影响；中旱表示干旱程度适中，可能会导致冬小麦产量减少；重旱表示干旱严重，可能导致冬小麦生长不良和大幅减产；特旱表示极度干旱，严重威胁冬小麦的存活和产量。

（2）主要发生季节。河南省的冬小麦主要在秋季播种，随后在冬季和春季进行生长和发育。干旱灾害主要发生在冬季和春季，特别是在春季作物的拔节至灌浆期等生育阶段。

（3）主要发生生育阶段。冬小麦的干旱灾害主要发生在生育阶段中的拔节至灌浆期。这个时期对水分需求较高，且正好与河南省的春季干旱相重合。缺乏充足的降水或灌溉水源会导致土壤水分不足，影响冬小麦的生长和减产。

（4）干旱类别。根据干旱发生的时间和生育阶段，冬小麦的干旱可以分为不同的类别。例如，春旱指的是冬小麦在春季生长期间发生的干旱；苗期干旱表示冬小麦在苗期（播种后至拔节期）遭遇干旱；轻旱、中旱和重旱等类别则根据干旱程度的严重程度进行划分。

2.3.2　冬小麦干旱发生规律

冬小麦的干旱灾害主要发生在冬季和春季的拔节至灌浆期。根据统计数据[112]，河南省冬小麦干旱灾害主要以轻旱为主，占总干旱发生次数的50%；其次是中旱，占36%；重旱发生频率最低，仅占14%。重旱的分布趋势与总体趋势存在较大差异，而轻旱和中旱的分布趋势与总体干旱分布趋势基本是一致的。河南省干旱灾害的总体分布趋势主要由轻旱和中旱的分布趋势决定。

河南省的干旱高发区域主要集中在豫北林州、豫西地区的三门峡和伊川。豫北的汤阴县和杞县，豫西的卢氏县，豫东的沈丘县，豫南的信阳市、潢川县及其以南地区的干旱指数都低于1.0。

河南省冬小麦的干旱发生规律表现为轻旱频次高、危害大，主要干旱灾害类别是春旱。发生时间较为集中，春旱主要发生在拔节至灌浆期。春旱持续时间较长，对冬小麦的生长和发育造成严重影响，是冬小麦产量受到威胁的主要干旱灾害类别。这些分析结果对于制定科学的冬小麦种植管理策略和采取针对性的干旱防治措施具有重要意义。

2.3.3　不同生育期干旱对冬小麦生长和产量影响

不同生育阶段的冬小麦对水分的需求也不同，因此干旱对其生长和产量的影响也不同。研究显示，冬小麦的关键生育期受干旱的影响较大[113]。开花期和拔节期的干旱对冬小麦的叶面积指数和地上生物量影响最为显著，抽穗期和灌浆期是冬小麦水分需求的关键阶段，此时发生干旱会导致产量大减[114]。此外，冬小麦越冬期的干旱对产量没有显著影响，而冬小麦生长后期拔节期和灌浆期的干旱则对产量有显著影响[115]。河南省冬小麦生长的关键生育期为拔节期、孕穗期和灌浆期。从拔节期到成熟期（3—5月）对小麦产量影响较大，而从播种期到越冬期（10—12月）

的干旱对产量影响较小。为了研究河南省豫北干旱胁迫下关键生育期的干
旱程度、不同时间尺度的干旱以及不同干旱程度对冬小麦产量的影响，于
2022 年在试验田中开展了多组对照试验，如图 2.1 和图 2.2 所示。

图 2.1 小麦拔节期干旱处理对照试验

图 2.2 小麦灌浆期连续干旱对照试验

通过对比试验，研究了不同生育期和时间尺度下的干旱胁迫对冬小麦
生长和产量的影响，得出以下结论[116]：

（1）在起身—拔节期、抽穗—开花期和灌浆—成熟期，冬小麦对土壤
水分需求较高，对水分的需求最为迫切。中度和重度干旱在这三个阶段对

冬小麦的生长产生了显著影响。

（2）拔节—成熟期（3—5月）的干旱对小麦产量影响较大，而播种至越冬期（10—12月）的干旱对产量影响较小。

（3）受干旱胁迫影响最大的三个关键期的连续干旱对冬小麦的产量具有较大影响。即使在复水处理后，这些植株的优质高产也无法得到保证。然而，对于单个关键期的干旱，如果及时进行复水处理，仍然可以恢复冬小麦植株的产量。

2.3.4 抗旱减灾现状

目前，抗旱减灾的主要手段包括水资源管理、农业生产措施、气象监测预警和灾害应对等，在这些手段中，监测是关键的一环，通过对作物干旱灾害的监测，可以及早预警并采取相应的措施来减轻灾害的影响。一般主要依赖的监测手段有气象观测站、遥感技术和无人机技术等。气象观测站通过测量气象要素如降雨量、温度和湿度等来监测干旱情况。遥感技术利用卫星、航空器和地面传感器等设备获取大范围的遥感数据，包括植被指数、地表温度和土壤湿度等，从而提供广域干旱监测和评估信息。无人机技术通过搭载传感器和相机设备，实现对农田和地区的高分辨率监测，提供精细化的干旱灾害监测数据。然而，目前干旱灾害监测存在的主要问题如下：

（1）数据获取和处理的时效性。传统的监测手段需要花费时间和人力成本来收集和处理数据，限制了监测的时效性。

（2）数据解释和分析的专业性。干旱灾害监测数据需要经过专业人员的解释和分析才能得出准确的判断和预测，但经验分析存在一定的主观性和误差。

（3）监测覆盖范围的限制。传统监测手段可能受限于地理范围和空间分辨率，无法提供全面和细致的监测信息，这可能导致监测结果的不准确性和局限性。

因此，基于图像识别的干旱监测预警系统有望解决传统干旱灾害监测存在的问题，提供更加高效和准确的监测信息，对于抗旱减灾具有重要意义。

2.4 土壤肥力对冬小麦生长影响

尽管我国拥有丰富的国土资源，但许多土壤的质量较差，肥力水平偏低，难以为小麦作物的生长提供足够的支持。因此，在种植小麦之前，需要了解不同肥料对小麦产量以及土壤肥力的影响，以便更好地选择肥料，从而提高小麦的生产质量和产量。根据我国与其他发达国家的化肥施用量对比（见图 2.3）可以看出，我国平均每公顷使用量达到 506.11kg，而美国每公顷的化肥使用量为 137.03kg，仅是我国的 1/4。可以明显看出我国化肥施用过量。通过 2008—2019 年河南省农业化肥施用量图（见图 2.4）可以看出，虽然近几年化肥施用量有所减少，但整体上居高不下，化肥利用率整体偏低。根据《河南"十四五"农业农村发展规划及远景目标》，到 2025 年，将主要农作物的化肥和农药利用率提高到 43%。为实现这一目标，河南省采取的必要措施有：进行精准施肥，减少化肥使用量；优化肥料组合，推广高效新型肥料；改进施肥方式，推广配方施肥；有机肥替代化肥。

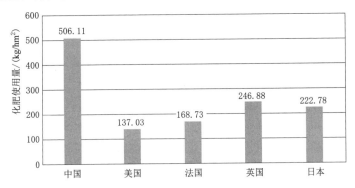

图 2.3　各国化肥使用量对比

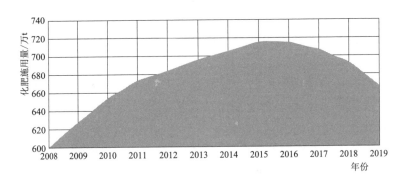

图 2.4　河南省农业化肥施用量（图片来源：国家统计局）

2.4.1　不同种类肥料对冬小麦生长及产量的影响

农作物的生长离不开三大营养元素氮、磷、钾和微量元素的供应。

氮、磷、钾是土壤中的主要营养元素，其含量不足或比例失调会直接影响农作物的生长[117]。在三大营养元素中，氮是植物体内蛋白质、核酸、叶绿素等重要化合物的组成成分，对植物的生命活动占据首要地位；磷则是核酸、磷脂的重要组成部分，对能量代谢有举足轻重的作用；钾主要调节农作物的水分代谢，同时是酶的激活剂，能提高抗性。然而，过量施肥不仅会影响农作物的生长，而且会对土壤造成严重损害。

（1）氮肥。在冬小麦种植过程中，将氮肥添加到基础肥料中有助于促进小麦根系的快速生长和增加根须数量，同时减缓根部位置在垂直方向上的递减速率。在初期生长阶段进行追肥可以增加浅层土壤中的根系重量，而在小麦植株生长后期进行追肥则有助于促进根系向土壤深层生长，并逐渐增加浅层根系的数量。通过这种施肥策略，可以提高小麦植株的根系发育，并增加其对土壤的利用能力，进而促进小麦的生长和产量。

（2）磷肥。磷肥是小麦种植中重要的基础肥料之一，可以促进植株根系的健康生长和增加单株的根系数量。相对于其他肥料，磷肥对根系发育有更好的刺激效果。同时，将磷肥与其他肥料混合使用可以加速植株的生根过程，充分发挥小麦对肥料的吸收优势。此外，将磷肥施用于深层土壤中有助于引导根系向更深处生长，进一步提高小麦植株的根系扩展能力。通过合理利用磷肥，可以促进小麦的根系发育，增强其对土壤养分的吸收和利用能力，从而促进小麦的生长和产量提高。

（3）钾肥。钾肥在小麦的生长过程中扮演着重要角色，直接影响植株的根系生长、水分吸收和蒸腾等关键方面。合理施用钾肥能增加根部的钾离子含量，提高水分吸收能力。正确使用钾肥不仅能促进小麦植株根系的快速生长，还能改善植株的再生能力，使水分和营养物质更好地分配到各个部位，确保小麦全面吸收养分，加速生长速度。

适当施肥能增强植物根系的营养和水分吸收能力，保证其正常生长。为了创造适宜的化学和生物环境，需要合理施用适当的肥料，维持根系的正常代谢。如果土壤肥力较高，植物的根系会更加发达，进而增强营养元素的吸收能力，改善物理和微生物环境，促进土壤肥力的进一步提高，从而全面提升小麦的产量。因此，在小麦种植中，合理施肥至关重要。

2.4.2 不同施肥种类对土壤肥力的影响

河南省是小麦种植大省之一，土壤中存在许多有机酸、无机酸和碱性盐类等物质，导致土壤呈现出不同的酸碱性。然而，由于过度使用碱性土壤调理剂、石灰、钙镁磷等碱性肥料，河南省的土壤已经严重酸化[118]，小麦的生长状态在一定程度上受土壤酸碱度的影响。

衡量土壤肥力的重要指标是小麦生长阶段土壤中的营养含量，也是评价土壤肥力的主要标准。通过正确施肥并将各种肥料与土壤相互整合，不仅可以为小麦创造有利的生长环境，还能进一步增强土壤的肥力。在施肥过程中，应该对土壤的肥力进行分析，确保其中的营养成分平衡且均匀分布，以提高肥力水平，使小麦能够获得充足的营养成分，从而提高产量和质量。例如，在实际施肥过程中，严格控制氮、磷、钾的使用量有助于为小麦植株提供平衡的营养环境和空间，从而在一定程度上促进植株的生长速度，逐渐提高产量。

第3章 WSN 混合组网策略
及网络服务质量评价

本章以智慧农业为导向，聚焦大田信息感知层面，针对农业大田信息采集及信息传输存在的问题，采用物联网技术和农业通信技术，以传感器部署组网、监测数据采集及可靠传输为主线开展 WSN 组网策略、传感器节点部署策略、多传感器网内数据融合以及 WSN 混合组网的网络服务质量评价等研究，以实时准确获取农业大田生长环境数据，如土壤墒情、空气状况、生长状态的实时数据，在保护环境的同时确保大田冬小麦的健康生长可持续性。

3.1 WSN 组网基础分析

WSN 的组网方式是智慧农业的重要组成部分，对整个网络的传输速率、网络可靠性和网络稳定性都有着决定性的作用。本节面向智慧农业，根据智慧农业的特点，在分析组网方式及拓扑结构的优缺点基础上，利用 LoRa 技术的远距离通信和大范围覆盖以及更强的抗干扰优势，设计基于 LoRaWAN 的冬小麦大田 WSN 网络架构。

3.1.1 智慧农业特点

为保证数据信息传输的准确性和及时性，有效降低传输过程中的丢包率，在 WSN 组网中采用何种组网方式确保实现最优组网效果，须分析智慧农业 WSN 网络通信的特点（见图 3.1）。其主要特点包括：环境复杂；监测范围广、监测节点数量庞大且分散；节点易于维护；数据传输距离远且传输可靠性强；低功耗，低成本；安全性强。

3.1.2 农业通信传输方式及拓扑结构分析

在农业通信网络应用领域中，网络中的节点主要由感知节点、传输节点和动作节点构成。其中，感知节点由各种传感器组成，传输节点主要由网络中的路由节点和中继节点组成，而动作节点则负责执行最终指令。目前在农业应用系统中，常用的网络传输方式主要有三种：有线传输、无线传输和有线-无线相结合传输。有线传输方式使用光缆、电信号等传输介质，信号稳定、抗干扰能力强，适用于农作物监测的传感器设备、通信设备和动作设备等。在传统农业中，有线传输是常用的方式。无线传输是近年来发展迅速的现代通信方式，主要采用 Wi-Fi、蓝牙、ZigBee 等无线传输技术，具有不同的传输距离和通信过程。在实际的农业监测中，无线传输技术主要用于传感节点与中继节点的通信、中继节点与终端的通信以及动作节点的控制。有线传输和无线传输的优缺点比较见表 3.1。然而，在某些情况下，无线传输的安全性和可靠性无法保证，为提高整体网络的安全性和可靠性，可将无线传输与有线传输相结合应用于 WSN 网络中。无线传输在长距离传输中具有成本低、传输方便快捷等优势，而有线传输则在通信距离、传输速率以及稳定性、抗干扰能力、安全性等方面具有优势。因此，在农业大田组网的核心是无线传输，但在必要时可将无线传输与有线传输相结合以提高整体网络的安全性和可靠性。当前的无线传感器网络中，将有线与无线相结合的传输方式主要应用于传感器间、传感器与中继节点、中继节点与汇聚节点以及汇聚节点与处理中心之间的通信。不同的无线传感器网络由于其部署的环境不同，因此有线与无线的分布方式也有所不同。

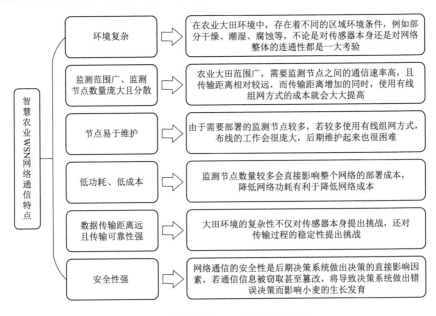

图 3.1　智慧农业 WSN 网络通信特点

表 3.1　　　　　　　　　有线传输和无线传输优缺点比较

网络传输方式	有 线 传 输	无 线 传 输
优点	抗干扰能力强，安全性强	成本低，可拓展性强
缺点	成本高，部署不灵活	抗干扰能力不强，安全性不强

在传感网络中，常见的拓扑结构有星型、网状和无线 MESH 等，它们分别采用点对点、点对多点的拓扑方式[119]。星型拓扑结构、网状拓扑结构、无线 MESH 拓扑结构如图 3.2 所示。三种拓扑结构的优缺点见表 3.2。结合智慧农业的通信特点，确定适合智慧农业背景下传感器的传输方式和拓扑结构，为提高传感器间的覆盖率和网络连通率打下基础。

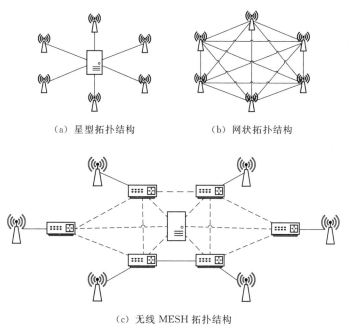

（a）星型拓扑结构　　　　　　　（b）网状拓扑结构

（c）无线 MESH 拓扑结构

图 3.2　常见 3 种网络拓扑结构示意图

表 3.2　　　　　　　　　常见拓扑结构组网优缺点对比

拓扑结构	星型拓扑结构	网状拓扑结构	无线 MESH 拓扑结构
优点	控制简单，故障诊断与隔离处理方便	网络稳定性强，网络共享性强	传输稳定，覆盖范围广，可以随意增加节点以扩大网络范围
缺点	网络部署成本高，故障范围广以及独立性差	布线复杂，成本高，需要基于软件加持	网络时延高

3.1.3　无线通信技术分析

目前主流的无线通信技术[120] 主要包括蓝牙、Wi‑Fi 和 ZigBee 技术，它们在成本、通信速度、传输距离等方面各具特点。蓝牙技术成本低、通信速率高，但传输距离较短、可接入的设备数量少，主要应用于短距离且需要高速率的场景。Wi‑Fi 具有高速率传输和符合 IEEE 802.11 标准的优点，被广泛应用于安全性要求较低的场景，如家庭网络和小型公司网络，但其安全性一直是限制其应用的主要问题。ZigBee 技术具有通信协议简单、成本低和使用寿命长等优点，应用于短距离和低速率的通信场景，但传输速率和范围较小。

近年来，低功耗广域网[121]（LPWAN）逐渐受到国内外学者的关注和使用，主要因为它能够在保证长距离和覆盖广的同时，功耗也非常低。LPWAN 的主要代表技术是窄带蜂窝物联网（NB‑IoT）和远距离无线电（LoRa）技术。就无线广域网而言，以 LoRa 和 NB‑IoT 为代表的 LPWAN 是未来农业传感器网络组网的主要途径。尽管架设 LPWAN 基站的成本高，但低功耗、低运营成本、大节点容量的特点契合农业物联网的组网技术，具有巨大的应用空间。作为 LPWAN 的传输速率补充，4G 和 5G 移动通信技术将使农业视频、图像、音频等大文件传输变为现实，进一步扩展农业信息维度。

LoRa 技术是 Semtech 公司开发的一种低功耗局域网无线标准。由于 LoRa 具有超长的传输距离和相对于其他长距离传输方式更低的功耗，因此在远距离通信中广泛应用。LoRa 实现了低功耗、长距离传输和大范围覆盖的统一，其中一个关键技术是在调制时通过线性改变载波频率，扩展原始信号的频谱。LoRa 采用 LoRaWAN 协议，可以在全球非授权频段中使用，大幅降低了 LoRa 的部署成本。为了监测农业大田植物的生长数据，需要在大面积范围内部署传感器，而 LoRa 技术的网络覆盖范围可达数十公里，并在覆盖范围内进行数据采集终端与中继节点和汇聚节点的无线数据传输，具有实现成本低、传输距离远、通信覆盖范围大等优势，可作为智慧农业中无线通信的优选策略。

3.1.4　LoRaWAN 网络架构

LoRaWAN[122] 是基于 LoRa 无线调制技术的通信协议，类似于 TCP/IP 协议。按数据流向分析，数据采集节点采集到原始数据后，使用

LoRaWAN 协议将数据发送给网关。随后，网关将数据转换后发送到服务器。数据到达服务器后，用户可以通过 PC 用户端或手机 APP 访问服务器地址以获取数据。因此，整个 LoRaWAN 网络由数据采集节点、网关、服务器和用户端组成。其中，服务器部分分为网络服务器和应用服务器。LoRaWAN 网络架构如图 3.3 所示。

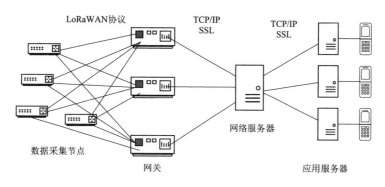

图 3.3 LoRaWAN 网络架构

如图 3.3 所示，在小麦监测实际应用中，数据采集节点使用 LoRa 无线调制技术将采集到的数据上传到网关，网关类似于 NB－IoT 的基站，将数据上传到广域网。网络服务器是 LoRaWAN 网络中的服务器，可以部署在云厂商服务器或私有服务器中。网关通过 TCP/IP 或 SSL 协议将数据上传到网络服务器，网络服务器再将数据传输到应用服务器，供用户查看。

本节采用 LoRa 技术作为小麦生长监测的无线通信网络，利用 LoRa 技术的远距离通信和大范围覆盖以及更强的抗干扰能力优势，构建的 LoRaWAN 网络架构更加适合冬小麦大田的实际应用。

3.2 WSN 混合组网策略

3.2.1 WSN 混合组网策略及系统架构

3.2.1.1 传感器选型及硬件架构

考虑到小麦的主要生长环境需求，本章使用多种传感器进行测量，包括温度传感器 DHT22、空气湿度传感器 NH122、土壤湿度传感器 NHSF48、土壤微量元素传感器 FDS150、光照传感器 BH1750、pH 值传感器 OSA.60、降水量传感器 NHYL42、风速风向传感器 NH193、净辐射表 NR.LITE 和土壤热通量仪 TMC.2R。主控芯片选用 STM32。每个传感器的工作指标见表 3.3。

表 3.3　　　　　　　　传感器工作指标

传感器型号	测量范围	传感器精度	分辨率
温度传感器 DHT22	40~80℃	±0.5℃	0.1℃
空气湿度传感器 NH122	0~100%	±3%	0.01%
土壤湿度传感器 NHSF48	0~100%	±5%	0.01%
土壤微量元素传感器 FDS150	0.2000mg/kg	±3%~±5%	1mg/kg
光照传感器 BH1750	1.6~55Wlx	±100lx	100lx
pH 值传感器 OSA.60	3~10	±1	0.01
降水量传感器 NHYL42	0.0~1.4mm/min	±0.1	0.1mm
风速风向传感器 NH193	0.40m/s	±3%	0.1m/s
净辐射表 NR.LITE	−2000~2000W/m²	±0.5%	0.1W/m²
土壤热通量仪 TMC.2R	−200~200W/m²	±5%	0.1W/m²

信息感知层由传感器节点部署网络组成，传输层由中央处理单元 STM32F103C8T6 和 LoRa 平台组成，应用层由监控管理中心组成。传感器信息采样网络完成对麦田各参数的实时采样，把非电信号转换成电信号，可选择混合组网传输的模式来实现数据的传输。可编程控制通信单元的功能完成数据速率和数据格式的处理转换，与 LoRa 网络平台完成无缝链接。监控管理中心软件实现对图形数据的监测和分析，从而提出合理的大田冬小麦诊断方案和辅助决策，进而提高麦田的智能管理效率。系统整体架构如图 3.4 所示。

3.2.1.2　组网策略设计

冬小麦大田部署的传感器易受自然气象条件（引起信号衰减）、地理地势特征（障碍物会产生无线信号的绕射、漫射、散射）和传播噪声（降雨噪声、地面噪声、大气噪声、太阳系噪声和宇宙噪声等）等因素的影响，随着通信距离的增加，接收信号强度和通信成功率会降低，障碍物的增加也会加速信号的衰减和增大丢包率。本节面向智慧农业，通过对组网方式和组网拓扑结构的优缺点分析，以及对目前主流的无线通信技术蓝牙、Wi-Fi、ZigBee 和 LoRa 的优缺点分析，为解决农业大田覆盖范围、通信距离、网络带宽、网络时延等问题，设计提出了一种基于 LoRa 的智慧农业 WSN 混合组网策略，如图 3.5 所示。

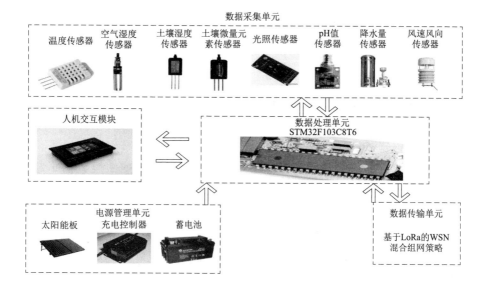

图 3.4 系统整体架构图

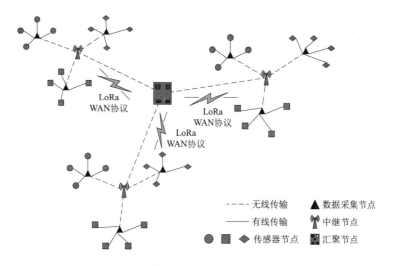

图 3.5 基于 LoRa 的智慧农业 WSN 混合组网策略

    本章所提组网策略采用分层式组网策略,其网络结构清晰、相对简单,将在网络架设、数据处理、故障排除等过程中按照汇聚节点到对应中继节点、中继节点到对应基础节点(数据采集节点、动作节点)、基础节点到对应底层设备(传感器与动作设备)的正/反次序逐层处理。该智慧农业混合组网策略具有以下特点:

（1）通信网络整体呈三级星型拓扑结构，根据智慧农业低时延、低功耗、低故障率的要求，在性能与功耗之间综合考虑，设计三级星型拓扑结构。即：底层设备与基础节点之间为第一级，基础节点到中继节点为第二级，中继节点到汇聚节点为第三级。该方案不会因链路故障而导致整个网络瘫痪。相比 MESH 网络拓扑结构，该策略避免过多的"跳数"，从而减小了网络时延和功耗。

（2）传感器节点与数据采集节点、动作设备与动作节点之间均采用有线通信。有线数据传输能够确保感知层信息传输稳定。感知层数据是整个智慧农业系统的基础，因此采用有线组网方式能够最大限度保证数据传输的稳定性，不会因无线通信的信号波动而影响数据传输。

（3）数据采集节点与中继节点、中继节点与汇聚节点之间采用无线通信。无线网络设备部署灵活，能够有效解决布线环境复杂的问题。在相同距离和环境下，无线传输速率高于有线传输，既保证传输速率，也保证通信范围广，能够有效解决智慧农业大规模网络架设和后期管理困难的问题。此外，通过加入无线通信中继节点，在保证远距离数据稳定传输的基础上，有效降低了数据直传过程中由于遮挡等外部因素造成的信号衰减。

（4）在 WSN 混合组网策略中，采用 LoRaWAN 协议作为无线通信方式。LoRaWAN 协议利用 LoRa 技术的优势，使整个组网策略不仅能够保证高速率、远距离、广覆盖的通信传输，而且功耗也相对较低。

（5）WSN 混合组网策略易于后期维护和升级。整个网络组网结构清晰，数据采集节点间相互独立，因此若某一传感器故障或数据传输出现中断，只会影响该传感器所在的数据采集节点，不会影响其他节点的正常工作。此外，节点的维护和升级变得简单方便，只需维护目标传感器所在的数据采集节点，或是对某一数据采集节点进行传感器种类和数量的增减。

3.2.2　基于贪心蚁群算法的传感器节点最优部署策略

在大田农业中，农作物的数据采集主要依赖于各类型的传感器。然而在传统的农作物监测系统中，传感器节点的部署通常采用随机型或目标型策略，缺乏考虑整个 WSN 的连通性、节点数量和覆盖范围等因素，这会导致网络节点的利用率低、功耗大、成本高等问题。为了提高整体网络的覆盖率和连通率，通过增加通信设备可以得到缓解，而不断增加的通信设备会导致整体网络的通信效率缓慢。大田农业各类型的传感器数量庞大，

WSN传感器节点如何部署才能确保WSN网络覆盖率和连通率最优,因此,WSN传感器多目标优化问题成为研究热点。WSN网络因传感器数目众多,属于典型的非确定性多项式困难问题(NP-hard问题),采用数学建模无法得到其精确解[123]。随着人工智能技术的不断发展,研究人员将群优化算法应用于传感器节点部署问题,但这些算法都不同程度存在收敛性差、易陷入局部最优等问题,需结合实际应用领域进行改进[124]。

3.2.2.1　传统蚁群算法的监测空间节点部署

蚁群算法(ACO)是一种智能优化算法,适用于寻找最优路径的概率型算法。其灵感来源于蚂蚁寻找食物时发现路径并在最后归于统一行为的行为模式[125]。传统ACO主要应用于旅行商问题,用于寻找最优路径。近年来也被用于网络优化、路由节点部署等多个问题[126]。

本节从覆盖和连通两个方面考虑,建立一个节点部署模型,以实现整个网络的全连通和高覆盖。覆盖指的是在监测区域内,小麦监测点能够被一个或多个传感器以概率 p 监测到;连通指的是在整个无线传感器网络范围内,每个传感器都能够与sink节点实现"多对一"通信,从而sink节点能够与中继节点或汇聚节点进行通信。在本节中,使用基于网格点形式的WSN节点部署方式[127-128],并对此进行以下定义。

定义1: 监测空间是指将大田区域进行网格区域划分,网格线相交的位置有四种部署情况,包括小麦监测点、部署传感器节点、部署sink节点和没有任何部署。监测空间的边长用 L 表示。

定义2: 小麦监测点(CP)是指需要被传感器监测到的节点,且位于网格线交叉处。其中,用WP和DP分别表示小麦待监测的点的集合和已经被监测到的点的集合。

定义3: 有效点(SP)是指候选网格点,下一步可以在该点部署传感器。

定义4: 候选网格点集合 C [] 是满足SP点定义的所有点的集合,并且能够覆盖未被覆盖的小麦监测点(WP)的集合。

定义5: 待监测点集合 W [] 是满足对WP点定义的所有点的集合,即还未被已部署传感器所覆盖到的小麦监测点的集合。

定义6: 有效部署网格点集合 CE [] 既满足SP点的定义,也能够覆盖未被覆盖的小麦监测点(WP)的集合。

根据以上定义,首先将监测空间进行网格点划分,如图3.6所示。

在算法设计中,首先需要考虑的是传感器网络的连通性,即每个传感

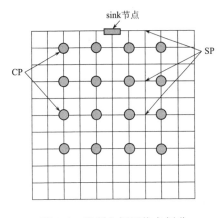

图 3.6　监测空间网格点划分

器节点都能够与 sink 节点直接或间接通信。为实现此目的，算法使用了 sink 节点的通信半径 R，即将所有蚂蚁的初始位置设在以 sink 节点为圆心，半径为 R 的通信范围内，限制蚂蚁的旅行范围小于 R 以满足与 sink 节点直接通信的条件。当第一个节点被部署后，其余的传感器节点可以在 sink 节点的通信范围和第一个传感器节点的通信范围构成的区域内进行部署，以满足与 sink 节点间接通信的条件。当所有节点被部署后，网络覆盖小麦监测点的能力最大化，一次迭代完成，整个网络保持连通状态。图 3.7 展示了蚂蚁一次迭代在网格中的移动过程。

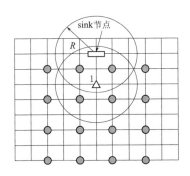

（a）部署节点 1 后的下一步有效部署节点区域

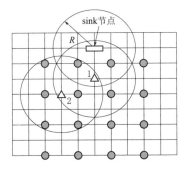

（b）部署节点 2 后的下一步有效部署节点区域

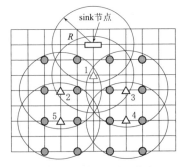

（c）一次迭代后覆盖的节点

图 3.7　蚂蚁一次迭代在网格中的移动过程

据图 3.7 可以看出，当小麦监测点数量较多时，蚂蚁的搜索范围会快速扩大，导致算法收敛性下降[129]，甚至可能无法找到最优解。在实际的大田小麦监测环境中，小麦监测点的数量可能高达成千上万个，远远多于 TSP 中的城市点数量。在传统 ACO 中，初始 sink 节点范围内的所有网格点（SP）都被视为蚂蚁下一步搜索的目标点。但其中某些点对于覆盖未被监测点（WP）毫无作用，如图 3.8 中的星型点。因此，在下一步的搜索范围中，可以将这些点删除，以降低蚂蚁本次的搜索范围。

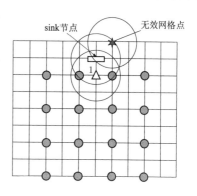

图 3.8　剔除无效网格点

3.2.2.2　算法的优化与改进

为提高蚁群算法的适用性并减少蚂蚁的搜索空间，本节结合传统 ACO，通过引入贪婪因子 $coverWP$ 和 $Distance_{ij}$，提出基于贪心蚁群算法（Ant Colony Optimization based on Greedy Strategy，ACO‑GS）的传感器节点最优部署策略。

1. 下一个部署节点的选择

选择下一个部署的网格点有两个步骤：第一步是蚂蚁识别出可供选择的候选点集合（$C[\ ]$）；第二步是蚂蚁利用随机局部决策策略从候选点集合中选择一个作为下一个部署位置。在这个过程中，使用贪婪策略来优化蚂蚁的选择结果，减少候选网格点数量，从有效部署网格点集合（$CE[\ ]$）中选择一个点作为下一个部署目标。在实际算法中，用 $CN[\ ]$ 表示蚂蚁下一步可以选择的网格点的集合。依据传统蚁群算法，蚂蚁 k 从一个网格点 i 移动到网格点 j 的选择概率公式如下：

$$P_{ij}^{k}(t)=\begin{cases}\dfrac{[\tau_{ij}]^{\alpha}\times[\eta_{ij}^{k}]^{\beta}}{\sum_{m\in CN}[\tau_{im}]^{\alpha}\times[\eta_{im}]^{\beta}}, & j\in CN[\ ]\\ 0, & j\notin CN[\ ]\end{cases} \tag{3.1}$$

式中：τ_{im} 为信息素值；α 为控制信息素影响的参数；β 为控制 η_{ij}^{k} 影响的参数。其中，α 反映了蚂蚁在旅行过程中对网格点残留信息素的重视程度，β 反映了启发式信息的重要程度（期望）。当 $\alpha=0$ 时，式（3.1）将变成完全贪心算法，蚂蚁只会选择移动到当前最佳网格点，导致算法陷入局部最优。当 $\beta=0$ 时，蚂蚁将丧失一定的全局搜索能力，转而更加相信自己已有的经验来选择下一个网格点。如果 α 和 β 的值保持不变，式（3.1）将在前期陷入局部最优状态。为解决这种情况，需要对 α 进行如下修改：

$$\alpha(n) = \lambda(1 + e^{-\gamma n}), 0 \leqslant n \leqslant N_{\max} \tag{3.2}$$

式中：常数 γ 和 λ 的取值范围分别为 $[0,1]$ 和 $[0,1]$；n 为当前搜索的次数；$N_{\max}$ 为最大搜索次数。

式（3.2）的目的是在算法的早期，即 n 值较小的时候，提高算法的搜索速度。随着算法的迭代，搜索速度会逐渐降低，以保证蚂蚁仍具有创新的搜索能力。这样做有助于使得算法得到更接近全局的最优解。

式（3.1）中，η_{ij}^k 代表第 k 只蚂蚁在选择路径 i，j 时的期望值，这是指选择路径 i，j 的贪婪因素。具体而言，可以将其定义为

$$\eta_{ij}^k = \left[\sum_{m \in C_u} r_m^k\right] + Distance_{ij} + 1 \tag{3.3}$$

式中：C_u 为节点 u 可以覆盖的小麦待监测点（WP）的集合；r_m^k 为小麦待监测点 m 的未覆盖次数；$Distance_{ij}$ 为节点 i，j 之间的欧氏距离；$+1$ 是为防止分母为 0。

引入 $Distance_{ij}$ 的目的是让下一个部署的网格点能够部署在更远的位置上，从而减少传感器部署的密度。而 η_{ij}^k 表示某个点去覆盖更多小麦待监测点的能力。当 η_{ij}^k 的值越大时，该点能够覆盖更多的小麦待监测点（WP），且倾向于部署密度较小的解。由于 r_m^k 表示小麦待监测点 m 的未覆盖次数，因此可以使用 $coverWP$ 来表示目前未被传感器所覆盖的小麦监测点集合（$W[\ ]$），即

$$coverWP = \sum_{m \in C_u} r_m^k \tag{3.4}$$

$$\eta_{ij}^k = coverWP + Distance_{ij} + 1 \tag{3.5}$$

根据式（3.4）和式（3.5），可以得知，$coverWP$ 是一种贪婪因子，在搜索过程中，更倾向于选择能够覆盖更多小麦待监测点（WP）的网格点作为下一个传感器的部署位置。

2. 信息素更新策略

在传感器网格点的部署中，本节借鉴了蚁群算法中的信息素更新策略。具体来说，在构造解之后，蚂蚁会判断所生成解的质量，并根据此来执行信息素的更新过程。网格点之间的信息素更新可以分为从 i 到 j 的两种情况，具体如下：

$$\tau_{ij} = (1 - \rho)\tau_{ij} + \Delta\tau_{ij}^{best} \tag{3.6}$$

式中：ρ 为信息素蒸发系数。

为加速算法收敛并避免不必要的性能浪费，在蚂蚁算法的迭代过程中，当算法结果受某个网格点影响较大时，可将该网格点的信息素浓度蒸发掉。如果某个网格点被当作当前迭代中的最优解，则 $\Delta\tau_{ij}^{\mathrm{best}} = 1/L_{\mathrm{best}}$，其中 L_{best} 为最优解中使用的传感器数量。当使用的传感器数量越少时，增加的信息素浓度 $\Delta\tau_{ij}^{\mathrm{best}}$ 越大，后面的蚂蚁选择该点的概率也越大。式（3.6）中，τ_{ij} 表示两点之间的信息素值，该值被限制在 $\tau_{\min}$ 和 $\tau_{\max}$ 之间，即 $\tau_{\min} \leqslant \tau_{ij} \leqslant \tau_{\max}$。对于 $\tau_{\max}$ 定义如下：

$$\tau_{\max} = \frac{1}{\rho L_{\mathrm{best}}} \tag{3.7}$$

式（3.7）中，限制 $\tau_{\max}$ 的目的是避免蚂蚁在早期阶段陷入局部最优解而导致算法提前收敛。由于信息素蒸发系数越大，最大信息素浓度的相对值会变小，蚂蚁会更倾向于选择更多的网格点而不是直接陷入局部最优解。这将有助于避免算法提前陷入局部最优解，提高算法的全局搜索能力。

经过以上优化，在传统蚁群算法中引入贪婪因子 $coverWP$ 和 $Distance_{ij}$，以确保覆盖范围和降低传感器部署密度；同时，优化率定影响因子 α 和信息素浓度 $\tau_{\max}$，保证算法不会过早陷入局部最优解。

3.2.2.3　仿真试验及对比分析

为验证 ACO‐GS 算法在节点部署问题中的实际性能，本节在 Matlab2016a 中进行仿真试验。首先，分析参数 α、β、ρ 对算法的影响，对参数进行优化率定，得到算法取得良好效果下参数的取值范围。其次，模拟 ACO‐GS 算法在测试平台上的运行实例。最后，通过对传统 ACO[130] 和文献［131］所提 PSO‐ACO 算法的对比分析，选用传感器数量、覆盖密度评价指标对三个算法的性能进行比较。

本节将 α 的取值范围设为 $[1,4]$，将 β 的取值范围设为 $[3,6]$，将 ρ 的取值范围设为 $[0.25,0.5]$，并进行 6 组试验。表 3.4 列出了试验结果。

表 3.4　　　　　不同 α 和 β 以及 ρ 的取值对蚁群算法的试验结果

试验组	α	β	ρ	长　　度
1	1.205	3.021	0.267	235.5291
2	2.235	3.143	0.274	237.9906
3	3.572	3.632	0.270	250.9917
4	3.653	4.123	0.354	251.4710
5	1.534	4.563	0.453	245.9238
6	1.554	6.325	0.257	241.9500

根据表 3.4 的试验结果，当 α 取值在 $[2, 3]$，β 取值在 $[3, 5]$，ρ 取值在 $[0.25, 0.5]$ 时，蚁群算法表现较好。因此，在 ACO - GS 算法中，将参数设为 $\alpha = 3$，$\beta = 4$，$\rho = 0.35$。

本次仿真试验选择一个 1km×1km 区域，将其划分为 10×10 的网格，传感器节点通信半径设为 100m（即一个网格的步长）。试验结果显示，通过 ACO - GS 算法部署的传感器节点能够覆盖所有网格点，具有较好的效果，如图 3.9 所示。

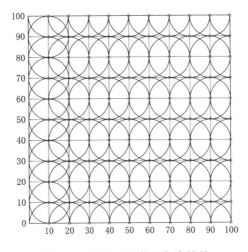

图 3.9 ACO - GS 算法仿真结果

在保持其他参数不变的情况下，分别将节点的通信半径设置为 200m 和 250m，并将网格点的划分分别设置为 10×10、20×20、40×40 的方格，进行仿真试验。仿真结果如图 3.10 所示。

在图 3.10（a）中，将网格划分为 10×10，网格的步长为 100m，在 sink 节点和传感器节点的通信半径设置为 200m（两个网格步长）的情况下，算法得出的结果为 14 个传感器节点。在图 3.10（b）中，将网格划分为 20×20，网格的步长为 50m，在 sink 节点和传感器节点的通信半径设置为 200m（四个网格步长）的情况下，算法得出的结果为 12 个传感器节点。在图 3.10（c）中，将网格划分为 32×32，网格的步长为 31.25m，在 sink 节点和传感器节点的通信半径设置为 250m（8 个网格步长）的情况下，算法得出的结果为 14 个传感器节点。从图 3.10 可以看出，相同的网格划分下，传感器节点的通信半径大小对于算法的结果有着决定性的影响，通信半径增大，需要部署的传感器数量减少。

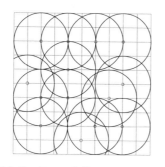
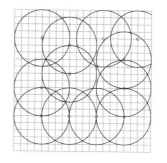

(a) $R=200\mathrm{m}$，步长 $=100\mathrm{m}$，$S=14$　　(b) $R=200\mathrm{m}$，步长 $=50\mathrm{m}$，$S=12$

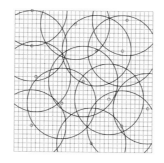

(c) $R=250\mathrm{m}$，步长 $=31.25\mathrm{m}$，$S=14$

图 3.10　ACO-GS 算法仿真结果

通过对图 3.9 和图 3.10（a）的观察，可以发现在相同的网格划分下，传感器节点的通信半径大小对算法结果有着显著的影响，随着通信半径的增大，需要部署的传感器数量将会减少。

进一步观察图 3.10（a）和图 3.10（b），发现在相同的通信半径下，网格点划分的精细程度会影响算法的结果。当网格点划分更加精细时，算法所需的传感器数量会减少。然而，在图 3.10（c）中，即使通信半径增大且网格点划分更加精细，但最终的传感器部署数量却增加了。由此可以推断，在将网格点划分细化到一定程度后，将会极大地增加算法蚂蚁的搜索空间。

为测试 ACO-GS 在实际场景中的性能，本节开展以下比较试验，以部署数量和密度较低的方式展示其在部署方面的效果。选择一块面积固定的网格区域，并将传统蚁群算法 ACO、蚁群-粒子群算法 PSO-ACO[124] 与 ACO-GS 在不同的网格划分和通信半径条件下进行比较。具体数据结果见表 3.5 和图 3.11。

表 3.5　　　　　　　　　　　对 比 试 验 结 果

算　法	grid 规格	部署数量	部署密度	grid 规格	部署数量	部署密度
ACO‐GS	15×15	14	0.06	20×20	14	0.035
PSO‐ACO[124]	15×15	16	0.07	20×20	15	0.0375
ACO	15×15	45	0.2	20×20	88	0.22
ACO‐GS	30×30	11	0.012	40×40	11	0.0068
PSO‐ACO[124]	30×30	14	0.015	40×40	13	0.0813
ACO	30×30	190	0.21	40×40	350	0.22

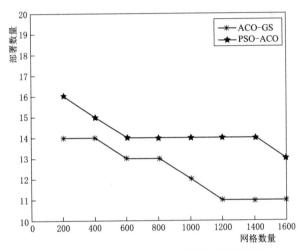

（a）网格划分为 20×20 时，两种算法的部署数量

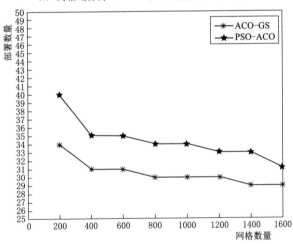

（b）网格划分为 10×10 时，两种算法的部署数量

图 3.11　不同网格划分下算法性能对比试验结果

根据表 3.5 和图 3.11 的对比试验分析，可以发现，ACO‐GS 算法在网格划分更加精细的情况下，能比 PSO‐ACO 算法提供更好的部署策略。然而，在传统蚁群算法中，随着蚂蚁的搜索空间不断增加，使得最终得出的传感器部署数量远远大于优化算法的部署数量。无论是 ACO‐GS 还是 PSO‐ACO，当网格被不断划分时，传感器的部署数量并不会持续减少，可能会保持不变或缓慢降低。这验证图 3.10 呈现出的研究结果：当网格点划分被缩减到一定程度后，传感器的部署数量不会明显下降。这是因为网格点被划分得过小，蚂蚁的搜索空间过于庞大，对算法的性能不会有实质性的贡献。

3.2.3 多传感器复合融合算法

由于大田农作物生长环境复杂，易受气象因素的影响，且传感器的工作条件也具有不确定性，因此，各种极端环境都会对传感器数据产生影响，单一传感器数据也可能会因多种客观因素而不准确。传统的农作物数据融合方法忽略传感器故障时的数据情况，鲁棒性不高，容易受到极端数据的影响。为提高智能检测性能并减少错误信息的影响，更快速、准确地对多个传感器的监测数据进行融合，获取小麦的生长环境各项指标，为决策者提供精准的数据决策支持，本节提出一种新型复合融合算法。在包含多个传感器的系统中，信息融合可以使监测数据更加贴近真实值。

3.2.3.1 大田环境多传感器数据融合结构选择

多传感器融合主要有以下三种方法：

（1）直接数据融合。如果传感器数据是可加的，如使用大田部署同类型传感器就可以使用直接数据融合，常用卡尔曼（Kalman）滤波融合、加权融合算法等。

（2）特征数据融合。提取数据中的特征向量，并基于特征向量进行融合。

（3）决策数据融合。通过处理每一个传感器的数据并做出判断，最后对所有决策进行融合。常见的决策层融合方法有 D‐S 证据理论[133] 和贝叶斯算法[134]。

目前比较成熟的方法仍然集中在直接数据融合，在特征融合和决策融合的层面仍缺乏健壮的、可操作的系统。

对于大田冬小麦生长环境监测研究，降雨量，温湿度，氮、磷、钾微量元素，光照，pH 值等是小麦生长的重要指标，且原始数据量庞大，融合结果对传感器数据的依赖性强，因此需要最大限度地保留原始数据，以便对小麦生长环境做出合理的决策。在上一节已经对传感器的部署进行优化，减少传感器数量，但为了能够获得精准数据，仍需优化原始数据。基于此，本节采用阈值淘汰的方法来过滤不符合实际情况的脏数据，然后设计 Kalman 滤波进行一级融合和自适应加权进行二级融合的复合融合算法。具体的复合融合算法结构如图 3.12 所示。

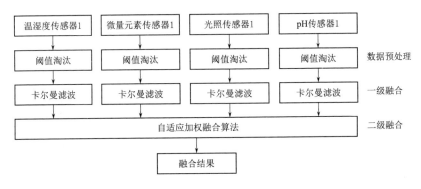

图 3.12　复合融合算法结构图

3.2.3.2　复合融合算法设计

根据复合融合算法结构图，复合融合算法分为三个步骤进行实现。

1. 噪声抑制预处理

在小麦种植的实际田间环境中，农田环境错综复杂，而传感器是一种敏感元器件。当 WSN 中的一些传感器受到环境干扰时，会产生虚假数据，影响数据融合的准确性。为避免这种情况的发生，需要对数据进行噪声抑制处理。此外，由于采用直接融合的方法，融合数据量较大，需要降低数据量以提高算法性能。因此，在每个传感器测量数据后，在进行融合之前需要进行噪声抑制处理，以筛选和剔除虚假数据和噪声数据。

本节采用一个数据筛选方法，即在大田中，只有当同一因子的相邻传感器的测量值之差不超过一个阈值时，才会被纳入融合数据。假设有 m 个同因子传感器对某一个对象进行测量，$x_i(i=1,2,3,\cdots,m)$ 表示第 i 个传感器的测量值。对 m 个数据的筛选方法如式（3.8）所示。这种方法可以有效地排除受到环境干扰而产生的虚假数据，并保证融合数据的准确性和可靠性。

$$\left.\begin{array}{c} \mid x_2 - x_1 \mid \leqslant \varepsilon \\ \mid x_3 - x_2 \mid \leqslant \varepsilon \\ \vdots \\ \mid x_m - x_{m-1} \mid \leqslant \varepsilon \end{array}\right\} \qquad (3.8)$$

式中：ε 为预设的噪声阈值。

2. Kalman 滤波一级融合

Kalman 滤波是由鲁道夫·埃米尔·卡尔曼（Rudolf Emil Kalman）[135]提出的，其应用领域广泛，适用于大多数线性模型的状态估计和实时问题的解决[136]。Kalman 滤波的核心思想是通过一组状态方程表达动态系统，并根据 $k-1$ 时刻的最优估计 $\hat{x}_{k-1}$ 预测系统状态在下一时刻 k 的最优预测 $\hat{x}_{k|k-1}$。同时，观察 k 时刻的系统状态，获得测量值 z_k。但由于测量值和预测值的误差 z_k 和 $\hat{x}_{k|k-1}$ 偏离真实精确的系统状态，需要通过 z_k 进行校正，以获得 k 时刻系统状态的最优估计值。由于 Kalman 滤波运算速度极快，可为复杂环境和实时性要求高的农业大田提供有效的数据融合方法。为展示 Kalman 滤波的性能，本节使用 Matlab 对一个温度为 20℃ 的实际环境进行仿真示例试验，并通过手动添加高斯噪声来模拟传感器之间的测量偏差。仿真结果如图 3.13 所示。

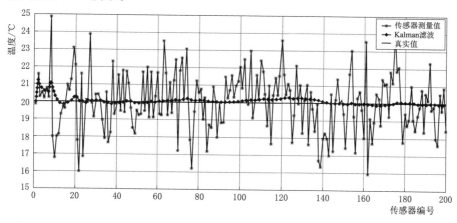

图 3.13　模拟温度为 20℃ 时仿真结果

从图 3.13 中可以看出，经过 Kalman 滤波算法的数据已经较好地拟合真实数据。

3. 自适应加权二级融合

自适应加权融合算法是一种数据层融合方法，它具有数据完整性高、系统轻量、性能高等优点，但存在样本过多和量级过大等缺点。开展噪声阈值预处理和 Kalman 滤波一级融合都是为了降低样本量，从而发挥数据层融合的最大性能。对于大田小麦的监测系统，需要在田间部署大量传感器监测点，而不同环境对传感器的影响不同，因此每个传感器的重要性也不同。为获得最优的融合结果，需要为每个传感器赋予不同的权重。自适应加权融合算法可以给每个传感器设置最优权重，从而实现最优的融合结果，并作为整个算法的二级融合。算法的结构如图 3.14 所示。

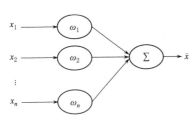

图 3.14　自适应加权融合算法结构

在本节中，将分析自适应加权融合算法的三个步骤，分别是优化传感器测量方差、最优权重求解以及固定权值分配。

（1）优化传感器测量方差。假设在同一个大田区域中，有 n 个传感器在大田中不同的位置对同一生长环境指标进行数据采集，且每个传感器的测量噪声符合高斯分布。每个传感器的测量方差 σ_i^2 可以表示为

$$\sigma_i^2 = E(x_i - x)^2, \ i = 1, 2, 3, \cdots, n \tag{3.9}$$

式中：x 为待测目标的真实值；x_i 为第 i 个传感器的测量值。但在实际情况下，真实值通常是未知的且不可考量。因此，可以通过选取 n 个相同因素（即测量目标）的传感器的所有测量数据的均值 $\bar{x}$ 作为真实值 x 的无偏估计，即有

$$\begin{cases} \bar{x} = \sum_{i=1}^{n} \dfrac{x_i}{n} \\ E(x_i - \bar{x}) = 0 \end{cases} \tag{3.10}$$

且有

$$\sigma_i'^2 = D(x_i - \bar{x}) \tag{3.11}$$

式（3.11）中，$\sigma_i'^2$ 表示第 i 个传感器的测量值与 n 个传感器的均值之间的差异，其方差结合式（3.10）和式（3.11）可以得到，$\sigma_i'^2$ 与各传感器的测量方差 σ_i^2 有以下关系：

$$\sigma_i'^2 = D\left(x_i - \sum_{i=1}^{n} \frac{x_i}{n}\right) = \frac{(n-1)^2}{n^2}\sigma_i^2 + \frac{1}{n^2}\sum_{j=1 \cap j \neq i}^{n} \sigma_j^2, i = 1, 2, \cdots, n \tag{3.12}$$

综合式（3.10）和式（3.12），可得

$$\sigma_i'^2 = \frac{1}{m}\sum_{j=1}^{m} (x_{ij} - \bar{x})^2, i = 1, 2, \cdots, n \tag{3.13}$$

式中：m 为同一目标参数被 n 个同因子传感器测量的次数；x_{ij} 为第 i 个传感器第 j 次测量的数据。

将 $\sigma_i'^2$ 代入式（3.12）进行求和运算：

$$\sum_{i=1}^{n} \sigma_i'^2 = \frac{n-1}{n} \sum_{i=1}^{n} \sigma_i^2 \tag{3.14}$$

根据式（3.13）和式（3.14），可得出第 i 个传感器的测量方差为

$$\sigma_i^2 = \frac{n}{n-2}\left[\sigma_i'^2 - \frac{1}{n(n-1)} \sum_{j=1}^{n} \sigma_j'^2\right] \tag{3.15}$$

（2）最优权重求解。假设通过前一步骤得到 n 个传感器的测量方差 $\sigma_1^2, \sigma_2^2, \sigma_3^2, \cdots, \sigma_n^2$，且 n 个相同因子传感器在同一时刻对相同待测环境指标的测量结果为 $x_1, x_2, x_3, \cdots, x_n$，各测量结果相互独立。每个传感器都有一个权重因子 $\omega_1, \omega_2, \omega_3, \cdots, \omega_n$，表示其重要性。最终的融合结果 $\hat{x}$ 将考虑每个传感器的权重因子，且融合结果和权重因子需要满足以下关系式：

$$\left.\begin{array}{l} \sum_{i=1}^{n} \omega_i = 1 \\ \hat{x} = \sum_{i=1}^{n} x_i \omega_i \\ \sigma^2 = \sum_{i=1}^{n} \omega_i^2 \sigma_i^2 \end{array}\right\} \tag{3.16}$$

式（3.16）中，σ^2 表示总均方差。可以发现，总均方差 σ^2 是 ω_i 的多元二次函数，如式（3.17）所示：

$$f(\omega_1, \omega_2, \cdots, \omega_n) = \sum_{i=1}^{n} \omega_i^2 \sigma_i^2 \tag{3.17}$$

因此，必然存在某个加权因子 ω_i，能够使得总均方差 σ^2 达到最小值。根据多元函数求极值的定理，可以得到式（3.18）：

$$\left.\begin{array}{l} \omega_i = \dfrac{1}{\sigma_i^2 \sum_{i=1}^{n} \dfrac{1}{\sigma_i^2}} \\[4mm] \sigma_{\min}^2 = \dfrac{1}{\sum_{i=1}^{n} \dfrac{1}{\sigma_i^2}} \end{array}\right\} \tag{3.18}$$

根据式（3.18）可以计算出加权因子 $\omega_1, \omega_2, \omega_3, \cdots, \omega_n$。具体步骤是先求出最小的均方差 $\sigma_{\min}^2$，然后将其代入加权因子 ω_n 的公式中，以计算最优加权因子 ω_i。

（3）固定权值分配。假设 n 个传感器的初始精度为 σ'_1，σ'_2，σ'_3，…，σ'_n。且在这些初始精度的基础上，为各个传感器分配固定的权值 ω'_1，ω'_2，ω'_3，…，ω'_n，定义分配公式为

$$\omega'_i = \frac{\dfrac{1}{\sigma'^2_i}}{\displaystyle\sum_{i=1}^{n} \dfrac{1}{\sigma'^2_i}} \tag{3.19}$$

在得出传感器的固定权值 ω'_i 之后，将固定权值与自适应最优权值进行融合。定义 p 为自适应权值比重，q 为固定权值所占比重。根据融合公式，得出最终的融合权值 ω''_i：

$$\omega''_i = \frac{p}{p+q}\omega_i + \frac{p}{p+q}\omega'_i, i = 1,2,3,\cdots,n \tag{3.20}$$

通过将最终融合权值 ω'' 和传感器测量数据 x_i 代入式（3.16），可以求出最终的融合值 $\hat{x}$。

3.2.3.3　仿真结果及对比分析

为评估复合融合算法的性能，本节在 Matlab2016 上进行仿真试验。首先，结合实际传感器对复合融合算法进行测试，得出实际传感器融合后的结果；其次，开展对比试验，将复合融合算法与平均加权融合法和 Kalman 滤波算法进行比较，比较三种方法的融合结果。

在大田冬小麦生长环境监测中，通过在其中部署传感器节点来实时监测冬小麦的生长环境信息。为测试本节所提传感器复合融合算法，在测试环境中部署了三组传感器为例，每个节点都包括五种不同类型的传感器，采集五种不同的环境因素，分别为空气温度、空气湿度、土壤 pH 值、土壤湿度和光照强度。测试时间为从上午 10：00 开始至下午 13：00 结束，试验期间，每 20min 获取一次数据，共获取 9 组数据。实际采集的详细数据见表 3.6。

表 3.6　　　　　　　传 感 器 采 集 数 据

传感器节点	测量参数	测 量 次 数								
		t_1	t_2	t_3	t_4	t_5	t_6	t_7	t_8	t_9
1	空气温度/℃	18.6	18.3	18.4	18.4	19.2	19.8	20.4	20.9	21.5
	空气湿度/%	83.2	83.8	82.0	83.5	81.1	81.8	82.9	83.6	82.1
	土壤 pH 值	6.4	6.2	6.6	6.1	6.3	6.4	6.2	6.5	6.4
	土壤湿度/%	84.0	85.2	84.4	83.6	81.5	83.3	81.8	82.6	80.3
	光照强度/Wlx	3.91	3.95	4.02	4.04	4.12	4.19	4.22	4.25	4.29

传感器节点	测量参数	测 量 次 数								
		t_1	t_2	t_3	t_4	t_5	t_6	t_7	t_8	t_9
2	空气温度/℃	18.2	18.4	18.1	18.5	19.2	20.1	20.6	20.6	21.2
	空气湿度/%	83.8	84.1	82.2	82.9	81.4	81.5	82.8	83.4	82.0
	土壤 pH 值	6.5	6.3	6.6	6.2	6.2	6.4	6.6	6.2	6.4
	土壤湿度/%	84.1	85.4	84	83.7	81.4	83.1	82.5	82.5	80.1
	光照强度/Wlx	3.94	3.95	4.03	4.04	4.14	4.18	4.23	4.26	4.24
3	空气温度/℃	18.3	18.3	18.0	18.6	19.4	20.3	20.4	20.9	21.6
	空气湿度/%	83.5	84.4	82.6	82.3	81.9	81.4	82.9	83.6	82.2
	土壤 pH 值	6.4	6.3	6.5	6.4	6.5	6.5	6.6	6.3	6.6
	土壤湿度/%	84.6	85.1	84.1	83.8	81	82.8	82.5	82.2	80.1
	光照强度/Wlx	3.96	3.98	4.06	4.07	4.16	4.17	4.22	4.25	4.34

1. 融合结果

基于表 3.6 的试验数据，采用复合融合算法对传感器节点数据进行数据融合，结果见表 3.7～表 3.11。

表 3.7　　　　　　　　　各时刻算法融合空气温度数值表

空气温度/℃	t_1	t_2	t_3	t_4	t_5	t_6	t_7	t_8	t_9
数值	18.53	18.52	18.41	18.73	19.48	19.78	21.05	21.65	21.62

表 3.8　　　　　　　　　各时刻算法融合空气湿度数值表

空气湿度/%	t_1	t_2	t_3	t_4	t_5	t_6	t_7	t_8	t_9
数值	83.35	83.6	81.6	83.1	81.15	81.7	82.25	84.25	81.8

表 3.9　　　　　　　　　各时刻算法融合土壤 pH 值数值表

土壤 pH 值	t_1	t_2	t_3	t_4	t_5	t_6	t_7	t_8	t_9
数值	6.38	6.14	6.72	6.15	6.26	6.36	6.25	6.48	6.39

表 3.10　　　　　　　　　各时刻算法融合土壤湿度数值表

土壤湿度/%	t_1	t_2	t_3	t_4	t_5	t_6	t_7	t_8	t_9
数值	84.75	85.76	84.83	83.1	81.95	83.8	81.35	83.69	80.6

表 3.11　　　　　　　　　各时刻算法融合光照强度数值表

光照强度/Wlx	t_1	t_2	t_3	t_4	t_5	t_6	t_7	t_8	t_9
数值	3.79	3.74	3.72	4.32	4.38	4.4	4.57	4.53	4.38

2. 对比分析

为突出复合融合算法在数据融合中的优异性能,本节采用对比试验的方法,将复合融合算法与平均加权融合法和 Kalman 滤波算法进行比较。分别使用三种方法处理表 3.6 中的传感器数据,并观察它们与气象站公布的真实值的拟合程度和误差情况。

平均加权融合算法是最简单直接的融合方法,只需对样本数据取平均值即可。平均值反映样本的总体特征和水平,是一组数据的中心,但极端数据对平均加权值的影响大。因此,在传统的平均加权融合实例中,需要去除最大值和最小值来避免极端值的影响,然后进行平均加权融合。

使用 Kalman 滤波算法进行数据融合的仿真试验表明,Kalman 滤波算法在数据融合方面表现良好。但是,该方法仍然存在局限性,例如需要先验知识等。相比之下,复合融合算法的融合结果对于真实值的拟合程度更高,表明该算法在数据融合问题上具有优秀的性能。

为突出复合融合算法的优越性能,在比较试验中,引入总体标准差 $\delta = \sqrt{\dfrac{1}{m-1} \sum\limits_{i=1}^{m} (\hat{x}_i - x)^2}$ 对三种方法的融合结果进行评估。其中,m 表示采样时刻数,$\hat{x}_i$ 表示第 i 个采样时刻的融合结果,x 表示真实值。为比较不同算法的性能,选择表 3.6 中的 3 个传感器节点作为数据采集节点,分别对复合融合算法、Kalman 滤波融合算法和平均加权融合算法得到的分析结果进行比较,结果见表 3.12~表 3.16 与图 3.15~图 3.19。

表 3.12　　　　　　　　　各算法空气温度融合结果表

算　　法	融 合 结 果 /℃									
	t_1	t_2	t_3	t_4	t_5	t_6	t_7	t_8	t_9	δ
平均加权融合算法	18.3	18.33	18.15	18.5	19.27	20.07	20.47	20.8	21.43	0.48
Kalman 滤波融合算法	18.42	18.4	18.3	18.62	18.95	19.92	20.85	21.2	21.54	0.33
复合融合算法	18.53	18.52	18.41	18.73	19.48	19.78	21.05	21.65	21.62	0.09
真实值	18.6	18.6	18.5	18.8	19.55	19.65	21.1	21.8	21.7	—

表 3.13　　　　　　　　　各算法空气湿度融合结果表

算　　法	融 合 结 果 /%									
	t_1	t_2	t_3	t_4	t_5	t_6	t_7	t_8	t_9	δ
平均加权融合算法	83.5	84.1	82.27	82.9	81.47	81.57	82.87	83.53	82.1	0.87
Kalman 滤波融合算法	83.43	83.8	82.0	83.0	81.3	81.66	82.4	83.8	82.0	0.57

算　法	融　合　结　果/%									
	t_1	t_2	t_3	t_4	t_5	t_6	t_7	t_8	t_9	δ
复合融合算法	83.35	83.6	81.6	83.1	81.15	81.7	82.25	84.25	81.8	0.36
真实值	83.2	83.0	81.2	83.2	81.1	81.8	81.6	84.6	81.5	—

表 3.14　　　　　　　　　各算法土壤 pH 值融合结果表

算　法	融　合　结　果									
	t_1	t_2	t_3	t_4	t_5	t_6	t_7	t_8	t_9	δ
平均加权融合算法	6.43	6.27	6.57	6.23	6.33	6.43	6.47	6.33	6.47	0.145
Kalman 滤波融合算法	6.4	6.22	6.62	6.2	6.3	6.4	6.31	6.40	6.44	0.08
复合融合算法	6.38	6.14	6.72	6.15	6.26	6.36	6.25	6.48	6.39	0.03
真实值	6.35	6.1	6.75	6.13	6.25	6.34	6.22	6.51	6.36	—

表 3.15　　　　　　　　　各算法土壤湿度融合结果表

算　法	融　合　结　果/%									
	t_1	t_2	t_3	t_4	t_5	t_6	t_7	t_8	t_9	δ
平均加权融合算法	84.23	85.2	84.1	83.7	81.3	83.1	82.27	82.4	80.17	0.97
Kalman 滤波融合算法	84.54	85.49	84.55	83.35	81.7	83.55	81.9	82.9	80.48	0.48
复合融合算法	84.75	85.76	84.83	83.1	81.95	83.8	81.35	83.69	80.6	0.22
真实值	84.9	85.85	84.93	82.8	82.2	84	81	83.98	80.8	—

表 3.16　　　　　　　　　各算法光照强度融合结果表

算　法	融　合　结　果/Wlx									
	t_1	t_2	t_3	t_4	t_5	t_6	t_7	t_8	t_9	δ
平均加权融合算法	3.94	3.96	4.04	4.05	4.14	4.18	4.22	4.25	4.29	0.331
Kalman 滤波融合算法	3.86	3.8	3.82	4.24	4.21	4.28	4.36	4.36	4.32	0.2
复合融合算法	3.79	3.74	3.72	4.32	4.38	4.4	4.57	4.53	4.38	0.083
真实值	3.7	3.65	3.68	4.4	4.43	4.49	4.66	4.65	4.46	—

根据表 3.12～表 3.16 和图 3.15～图 3.19 的分析，可以得知在三种算法中，平均加权融合算法和 Kalman 滤波融合算法的融合值对传感器的精度要求有依赖性，即传感器的精度越高，这两种方法的融合值就越准确。当传感器精度不高时，复合融合算法表现出良好的融合性能。然而，在 t_7 和 t_8 时刻，由于受到外界因素的影响，平均加权融合算法和 Kalman 滤波融合算法的融合值不够理想，但复合融合算法的表现较为稳定，这种现象

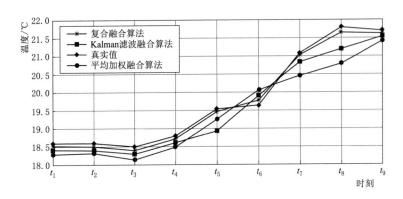

图 3.15 空气温度各算法融合结果与真实值拟合对比图

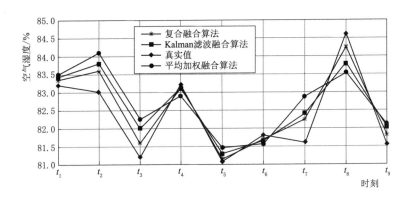

图 3.16 空气湿度各算法融合结果与真实值拟合对比图

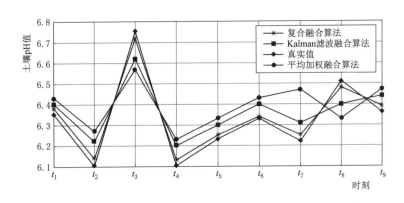

图 3.17 土壤 pH 值各算法融合结果与真实值拟合对比图

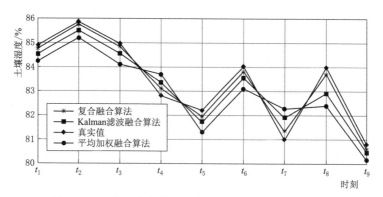

图 3.18 土壤湿度各算法融合结果与真实值拟合对比图

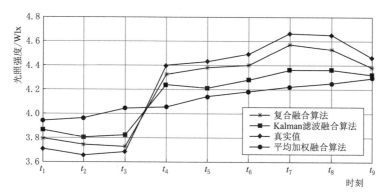

图 3.19 光照强度各算法融合结果与真实值拟合对比图

得益于复合融合算法对自适应加权因子的改进以及根据传感器精度对每个传感器权值的分配。观察三种算法的总体标准差 δ ，可知在三种算法中，复合融合算法的总体标准差最低，表明复合融合算法的误差最小。

从图 3.15～图 3.19 可以看出，复合融合算法与真实值最为拟合，即误差最小，其次是 Kalman 滤波融合算法，平均加权融合算法误差最大。在 t_7 和 t_8 时刻，复合融合算法表现出良好的鲁棒性，其融合值不会过度依赖于传感器的测量精度，而传感器的测量精度对平均加权融合算法和 Kalman 滤波融合算法的融合结果都有较大的影响。

3.3 WSN 网络服务质量评价

随着对无线传感器网络的深入研究，WSN 已经广泛应用于生活的各个领域中。然而，从已知的应用效果来看，WSN 存在或多或少的问题，并且网络服务质量（Quality of Service，QoS）[137] 也因实际应用不同而不同。WSN 网络系统的性能受到时延、带宽、丢包、能量消耗等多个方面的影响[138]，这些指标相互影响也是衡量网络服务质量的重要参考。为对这些指标进行定量分析，将网络服务质量进行量化，本节引入 QoS 用来评价网络服务的"良好"程度[139]。但由于 WSN 应用范围广泛，不同应用对网络服务的要求也不同，因此对 QoS 的期望值也不同。本节以基于 LoRa 的冬小麦大田传感器网络服务质量为目标，描述网络系统的评价策略，并结合定性评价和定量分析对网络服务质量进行综合评价。

3.3.1　网络服务质量性能评价体系

冬小麦大田的 WSN 网络服务质量性能评价涉及多个方面，包括控制算法、网络协议、通信协议、优化算法、任务调度机制、同步机制以及可扩展性等。评价方法则分为实时在线评价和离线试验评价两种。实时在线评价主要针对实际系统，通过制定相应的评价指标对系统真实性能进行测试和评价。离线试验评价则是通过仿真试验测试评价相应的指标。本节主要采用仿真试验的方式，对各个评价指标进行定性判断和定量分析。在冬小麦生长监测系统中，适用性、可行性和逻辑准确性需要进行定性判断，根据应用需求进行判断。而针对系统实际的性能指标和网络方面的具体参数数据，则需要具体量化，并依照得出的性能指标来完善系统配置、优化算法设计或是优化系统参数等。具体的评价体系框架如图 3.20 所示。

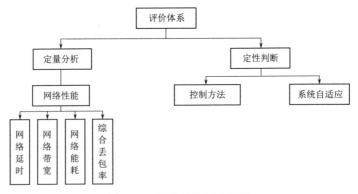

图 3.20　网络性能评价框架

3.3.2　WSN 网络服务质量性能综合评价

本节采用定性判断和定量分析相结合的评价方式，对系统网络服务性能进行评价。其中，定性判断主要从控制方法和系统自适应两个方面进行评价，定量分析则从综合丢包率、网络能耗、网络时延和网络带宽等 4 个指标开展性能评价。

对于大田冬小麦 WSN 网络的服务质量性能，需要进行控制方法和系统自适应性的定性判断。由于农业大田的面积广、地形复杂、环境多样，因此采用集中式控制难以达到高效要求。虽然分散式控制能够缓解系统压力，但各个控制单元之间独立操作会导致资源共享不足，同时也会增加硬件、运营和维护成本。因此，根据前一节所设计的 WSN 混合组网策略，决定采用分布式控制形式，其具有适用性、可行性和逻辑准确性的特点，适合大田冬小麦监测系统的需要。

系统自适应性指的是系统在复杂环境中可以根据不同情况使用不同的网络资源和带宽，并保证系统主要功能在紧急情况下的正常运转。在实际的冬小麦大田环境中，存在着各种复杂环境，环境的突变可能会导致数据传输质量的变化，对整个 WSN 网络造成不良影响。因此，在实际系统设计中，应该考虑这些实际因素，提高系统的自适应性能，使其具有自适应调节带宽和能耗的能力。此外，还需要考虑系统后续的升级和故障时的稳定性。

3.3.3　WSN 网络服务质量评价定量指标

冬小麦监测大田中，传感器数量较多且组网结构复杂，无线部分中继节点数量较多，有线部分网络电缆也过长。同时，农业大田环境多样，小麦监测系统易受恶劣天气的影响。因此，有必要利用 QoS 来衡量冬小麦监测系统的网络性能。小麦大田 WSN 网络的性能指标包括网络时延、网络能耗、综合丢包率和网络带宽等指标，但这些单一的指标不能完全代表 WSN 的服务质量。因此，需要综合各项指标进行量化来衡量 WSN 的网络服务质量。各项定量指标如下。

（1）网络时延。在 WSN 中，每个通信节点的通信过程通常包括三个步骤：接收来自上一跳节点的数据，对数据进行处理，将数据传递给下一跳节点。因此，整个路由过程所需的时间可以用公式（3.21）来表示：

$$Delay\big[P(v_s,v_d)\big]=\sum_{v\in P(v_s,v_d)}Delay(v)+\sum_{e\in P(v_s,v_d)}Delay(e) \quad (3.21)$$

式（3.21）描述了网络中一个节点从源节点到目的节点的总时延。其中，$Delay\big[P(v_s,v_d)\big]$ 表示从源节点 s 到目的节点 d 的时延，v 和 e 是连接 s 和 d 之间的中间节点，s 到 d 的总时延等于 v 点时延加上 e 点时延。

（2）网络能耗。网络能耗 EC 可以简单概括为在所有路径中，每个节点的建立路由功耗、数据处理功耗和发送数据功耗的总和，即

$$EC(R) = P_{0,\text{proc}}(t_{0,\text{setup}} + t_{0,\text{acq}} + t_{0,\text{proc}}) + P_{0,\text{tran}} \times t_{0,\text{tran}}$$

$$+ \sum_{k=1}^{H-1} [P_{k,\text{proc}} + (t_{k,\text{proc}}) + P_{k,\text{tran}} \times t_{\text{tran}}] \qquad (3.22)$$

式中：R 为一条路由路径，其中包含 k 个数据采集（传感器）节点；$P_{0,\text{proc}}$ 为建立该路由所需的功耗；$t_{0,\text{setup}}$ 为建立路由所需的时间；$t_{0,\text{acq}}$ 为第 k 个节点的数据处理时间；$P_{0,\text{tran}}$ 为返回路由的功耗；$t_{0,\text{tran}}$ 为返回路由所需的时间；t_{tran} 为向其他节点发送信息所需的时间，其功耗为 $P_{k,\text{tran}}$。

（3）综合丢包率。在路径 $p(v_s, v_d)$ 下，综合丢包率指的是丢失的数据包与发送的所有数据包之比，即

$$p\_loss[p(v_s, v_d)] = \frac{loss(e)}{packet[p(v_s, v_d)]} \qquad (3.23)$$

式中：$loss(e)$ 为路径上丢失的数据总量；$packet[p(v_s, v_d)]$ 为路径上的数据总量。两者的比值即为对于丢包率的量化结果。

（4）网络带宽。网络带宽指的是单位时间内可传输的数据量。在 WSN 中，它表示在传输数据时路径可用的数据带宽。

$$Bandwidth[p(v_s, v_d)] = \min[Bandwidth(e)], e \in P(v_s, v_d) \qquad (3.24)$$

为方便计算，将时延指标与丢包率指标综合作为评价指标 QoS_{DP}；将能耗与带宽指标综合作为评价指标 QoS_{EB}。

$$QoS_{DP}[P(V_s, V_d)] = \frac{\sum_{i=1}^{k} Delay[P(V_{si}, V_{di})]}{k \cdot Delay\_max} \cdot \frac{\sum_{i=1}^{k} p\_loss[P(V_{si}, V_{di})]}{k \cdot p\_loss\_max} \qquad (3.25)$$

$$QoS_{EB}[P(V_s, V_d)] = \frac{\sum_{i=1}^{k} bandwidth[P(V_{si}, V_{di})]}{k \cdot bandwidth\_max} \cdot \frac{\sum_{i=1}^{k} PALL[P(V_{si}, V_{di})]}{k \cdot PALL\_max} \qquad (3.26)$$

式中：$Delay$ 为综合时延；p_loss 为综合丢包率；$bandwidth$ 为综合带宽；$PALL$ 为综合能耗。这四个指标均是在每个路径上的值求和后取平均得到，即

$$\overline{p\_loss} = \frac{\sum_{i=1}^{k} p\_loss[P(V_{si}, V_{di})]}{k} \qquad (3.27)$$

$$\overline{Delay} = \frac{\sum_{i=1}^{k} Dealy\left[P\left(V_{si}, V_{di}\right)\right]}{k} \tag{3.28}$$

$$\overline{PALL} = \frac{\sum_{i=1}^{k} PALL\left[P\left(V_{si}, V_{di}\right)\right]}{k} \tag{3.29}$$

$$\overline{bandwidth} = \frac{\sum_{i=1}^{k} bandwidth\left[P\left(V_{si}, V_{di}\right)\right]}{k} \tag{3.30}$$

式（3.25）和式（3.26）中，$Delay\_max$ 为当前网络中的最大时延限制；p_loss_max 为当前网络中的最大丢包率限制；$bandwidth\_max$ 为当前网络可使用的最大带宽值；$PALL\_max$ 为当前网络的最大能耗。

$$QoS\left[P\left(V_s, V_d\right)\right] = QoS_{DP}\left[P\left(V_s, V_d\right)\right] QoS_{EB}\left[P\left(V_s, V_d\right)\right] \tag{3.31}$$

式中：QoS 为 QoS_{DP} 和 QoS_{EB} 的综合结果。通过实际计算，QoS 为大于零的实数，且随着 QoS 值的增加，QoS_{DP} 和 QoS_{EB} 的结果也会增加，这表明在时延、能耗、丢包率和带宽四个指标方面，网络的表现会越来越差。

3.3.4 WSN 网络服务质量评价

本节在 3.2.1 节设计的 WSN 混合组网策略的基础上，通过试验测试在 LoRa、Wi-Fi、蓝牙、ZigBee 通信方式下该网络的实际表现情况，试验结果如图 3.21 所示。

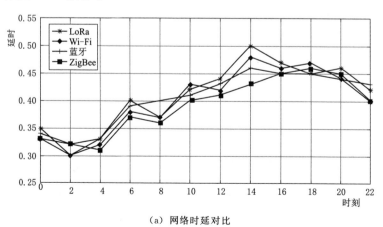

（a）网络时延对比

图 3.21（一） 网络性能测试对比结果

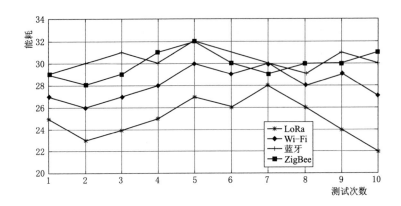

（b）网络能耗对比

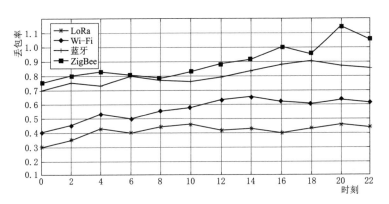

（c）网络丢包率对比

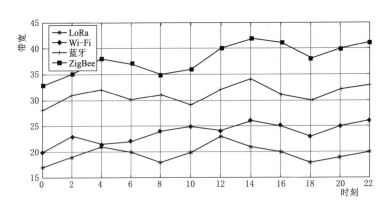

（d）网络带宽占用对比

图 3.21（二）　网络性能测试对比结果

通过观察图 3.21 可得出以下结论：

（1）就网络时延而言，LoRa 与 Wi-Fi、蓝牙、ZigBee 的时延值相近。

（2）LoRa 通信范围大于 Wi-Fi、蓝牙、ZigBee，节点数量少于其他组网方式，节约传感器成本。前文使用贪心蚁群算法优化了传感器的部署密度和数量，从而降低整体网络能耗。

（3）LoRa 具有大范围通信的特性，通过改进的智能蚁群算法，使得通信跳数减少，网络丢包率显著降低。

（4）在网络带宽方面，Wi-Fi、蓝牙、ZigBee 的通信范围较小，需要更多的节点来组网，带宽占用也更大。在上一节设计的复合融合算法也需要占用大量带宽。因此，使用 LoRa 技术组网能够在满足网络带宽要求的同时，降低网络能耗和丢包率。

为评估不同组网方案的网络服务质量，本节设定式（3.25）和式（3.26）中的一些参数，即时延最大值、丢包率最大值、带宽最大值和功率最大值。通过计算可以得到，使用 LoRa 组网时网络服务质量 QoS 为 0.23；使用 Wi-Fi 组网时 QoS 为 0.38；使用蓝牙组网时 QoS 为 0.65；使用 ZigBee 组网时 QoS 为 0.7。

本节组网策略采用定性判断和定量分析相结合的综合评价方式，在保持网络时延较低的情况下，既满足实际带宽需求，又降低网络能耗和网络丢包率，同时节省传感器部署成本。

综上所述，本节针对前文设计的冬小麦大田 WSN 混合组网策略在网络服务质量方面表现优异。该策略不仅能够确保农业大田数据采集传输的有效性和可靠性，而且为冬小麦生长环境监测领域提供有效的数据采集方案。

3.4 本章小结

针对传统冬小麦农业大田实际情况下数据采集和数据传输等方面的问题，本章以智慧农业为导向，采用物联网和农业 WSN 通信技术，群智能优化算法以及数据融合算法等开展 WSN 组网策略、传感器节点部署策略、多传感器网内数据融合以及 WSN 混合组网的网络服务质量评价等方面的研究，得到如下结论：

（1）针对传统冬小麦大田部署 WSN 易受自然气象条件、地理地势特征和传播噪声引起信号衰减和丢包率高的问题，在分析农业 WSN 组网方式、通信网络拓扑结构及无线通信技术特点的基础上，采用有线、无线相结合的混合组网方式，选用星型网络拓扑结构，利用 LoRa 技术的低功耗和远距离通信特点，设计了一种基于 LoRa 的冬小麦大田 WSN 混合组网策略和网络架构。

（2）传统农业大田多传感器因随机部署，WSN 监测系统缺乏考虑无线传感器网络的连通性、传感器数量、成本和覆盖范围等因素，导致网络节点的利用率低、功耗大、成本高等问题，使用仿生群优化算法解决传感器节点的多目标优化问题。针对传统 ACO 易陷入局部最优问题，将 $coverWP$ 和 $Distance_{ij}$ 两个贪婪因子引入 ACO，并通过优化率定了参数 α 和信息素值 τ 值以避免算法陷入局部最优，提出了基于贪心蚁群算法（ACO‑GS）的传感器节点最优部署策略。结果表明，ACO‑GS 相较于传统 ACO 和 PSO‑ACO 能够提供更好的部署方案，具有部署数量和部署密度较低的优势，可直接降低网络的功耗和成本。ACO‑GS 算法能够提高蚁群算法在节点部署方面的能力，保证传感器节点部署覆盖范围广，同时降低传感器部署数量和部署密度。

（3）传统的农作物传感器监测数据融合方法大多采用平均加权融合或 Kalman 滤波融合，数据融合的鲁棒性低，受无效极端数据影响较大。本章设计一种基于 Kalman 滤波和自适应加权的复合融合算法，该算法包括阈值噪声抑制、Kalman 滤波一级融合和自适应加权二级融合三个部分。仿真试验表明，该复合融合算法能够有效降低极端数据对融合结果的影响，提高数据融合的鲁棒性和小麦生长环境因素的测量精度。该算法可为后续的诊断系统提供可靠有效的数据保障，同时也为农作物的生长监测数据融合研究提供可行的方法依据。

（4）在确定采用定性判断和定量分析的方法开展网络服务质量综合评价的基础上，结合农业冬小麦大田实际，选定网络带宽、综合丢包率、网络时延以及网络能耗四个量化指标，并确定四个性能指标的具体方法以及计算公式。通过将 LoRa 与 Wi‑Fi、蓝牙、ZigBee 组网进行对比试验，结果表明，基于 LoRa 协议的冬小麦大田 WSN 组网策略以及基于贪心蚁群算法的传感器节点部署最优策略和复合融合算法三部分所构成的冬小麦生长监测 WSN 系统具有良好的网络服务质量，为冬小麦农业大田 WSN 组网提供可操作性方案。

第 4 章　基于改进的 Faster R – CNN 的冬小麦生育阶段分类识别

在农业信息化管理研究中，冬小麦生育阶段的精准识别是核心内容之一。精准识别冬小麦的生长阶段对科学施肥、按需灌溉、合理施药、保产增产具有重要意义，有助于实现农业生产过程的智能化管理。在冬小麦生长过程中，传统的生长期划分方法主要依赖于机器学习图像处理方法或专业人员的经验判断。传统图像分类识别方法检测用时较长，分类准确率较低，易受到实际环境及自然条件等因素的影响。传统经验判断方法费时费力，影响效率。随着冬小麦种植规模的不断扩大，传统的图像分类识别方法已无法满足有效生产活动和科学种植的需求。近年来深度学习技术不断发展，且在农业信息化方面表现出色。利用该技术可了解农作物各个生育阶段的长短与播种早晚、生态条件、品种特性等因素的关系，明确农作物不同生育阶段的管理方法和重点管理任务。

本章以河南省冬小麦为研究对象，在遵循冬小麦的生长规律和环境要素的前提下，使用图像分割模型对采集到的田间图像进行分割，通过改进的 Faster R – CNN 目标检测模型进行检测生成候选框，并通过分类和回归训练实现了对冬小麦生育阶段的精准识别。本章将冬小麦生育期划分为三个主要阶段[140]，分别是幼苗期（9 月下旬—次年 2 月中下旬）、抽穗期（2月下旬—4 月下旬）和成熟期（4 月下旬—6 月上中旬）。其中，幼苗期的生育特点是生根、长叶和分蘖；抽穗期的生育特点是麦根、麦茎、麦叶持续生长和结实器官分化；成熟期是决定粒重的重要阶段。具体的识别过程为：首先，对采集到的田间图像进行预处理；其次，利用深度可分离卷积技术构建冬小麦图像分割模型，过滤掉图像中的杂草和土壤，得到冬小麦图像样本；然后，通过 VGGNet – 16 提取图像特征和区域候选网络 RPN生成区域候选框，构建生成候选框的 Faster R – CNN 目标检测模型；最后，通过对候选框进行分类和回归训练，实现对冬小麦生育阶段的精准分类识别，以期为农业智能化管理提供科学支撑。冬小麦生育阶段识别的研究流程如图 4.1 所示。

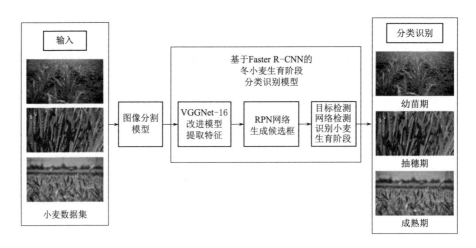

图 4.1　冬小麦生育阶段识别的研究流程

4.1　深度可分离卷积图像分割模型

4.1.1　概述

　　传统的生育阶段识别方法需要持续观察，且依赖专业人员的经验判断，无法满足当前的种植规模，难以确保有效的生产和科学的增产。随着深度学习技术在图像处理和识别领域的不断发展[141-144]，其在农业信息化管理方面的应用也越来越广泛[145-147]。例如，陆明等[148]通过提取玉米不同颜色像素值比重，实现了对玉米生长期的分类识别；权文婷等[149]利用归一化差分植被指数方法，实现了对冬小麦幼苗期和抽穗期遥感图像的归一化识别；陈玉青等[150]通过机器学习分析了冬小麦叶面积指数，并开发了基于 Android 手机平台的自动检测系统；张芸德等[151]结合粒子群优化算法优化支持向量机参数，并构建了多级支持向量机分类识别模型，最终实现了对玉米生长期的识别。

4.1.2　图像分割模型

　　传统的冬小麦图像分类识别模型是将原始图像作为各类模型的输入，这样会大大降低模型的识别准确率和泛化能力，同时图片因受环境噪声和光照等因素的影响，存在特征提取不精确和图像模糊的问题。为了解决这些问题，本节采用了一种基于深度可分离卷积的冬小麦分割模型，对原始图像样本进行分割处理。

本节使用的冬小麦生育阶段图像从华北水利水电大学农水教学实践基地采集，为 RGB 图像，将原图裁剪为 224 像素×224 像素大小的图像，共包含 900 张不同生育阶段的图像样本。使用 LabelImage 软件对冬小麦生育阶段的图像样本数据进行标注，并按照经典数据集划分比例 8∶2 将样本数据划分为训练集和测试集。为便于计算，将训练集和测试集的图像数量作取整调整，最终训练集样本包括 750 张图像（各生育阶段均 250 张），测试集样本包括 150 张图像（各生育阶段均 50 张）。

4.1.2.1　样本标注

为了防止模型出现过拟合和提高模型分割图像的准确率，将采集到的图像使用 sklearn 中的 Standardscaler 库进行处理，即通过单通道标注输入方法对每个图像进行归一化和标准化操作。

目标检测所用的图像数据要提前进行标注处理，本节使用 LabelImage 软件对样本进行矩形框标注，标示出冬小麦、土壤和杂草等信息，并生成 XML 文件用于分割模型的训练。对冬小麦图像中的目标区域进行真实边界框的标注（当冬小麦植株的被挡面积超过 50％时，该图像将不会被标注）。LabelImage 软件是基于 Python 语言编程的，通过可视化界面可实现对冬小麦植株图像目标样本的标注，其标注信息以 .xml 格式文件保存，该文件包含图片名称、目标类别、目标位置等信息。为适应图像分割模型训练，.xml 文件通过转换脚本转换为包含相应信息的 .txt 文件。标签标注示例如图 4.2 所示，使用 LabelImage 软件在返青期和抽穗期的冬小麦图像中进行矩形框标注，并指定合适的标签。

（a）返青期标注示例

图 4.2（一）　冬小麦生育阶段标注示例

（b）抽穗期标注示例

图 4.2（二）　冬小麦生育阶段标注示例

4.1.2.2　深度可分离卷积分割

　　传统的卷积操作对每个卷积核只能提取到一种特征，无法处理多属性检测任务，而深度可分离卷积能够将传统卷积分为深度卷积和点卷积两个操作，联合映射卷积通道相关性和空间相关性，更好地对通道信息进行融合，在减少参数量的同时提高运算速度，显著提高了模型的准确率。为了实现冬小麦、土壤及杂草等的有效分割，本节使用深度可分离卷积神经网络作为图像分割模型。图 4.3 和图 4.4 分别展示了传统卷积和深度可分离卷积的具体操作流程。

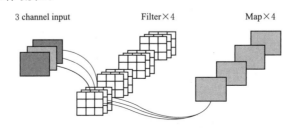

图 4.3　传统卷积操作流程示意图

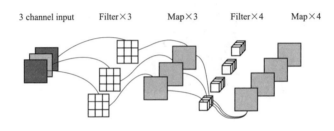

图 4.4　深度可分离卷积操作流程示意图

本节构建的端到端的图像分割网络模型的结构如图 4.5 所示。该模型的输入是经过标注的 224 像素×224 像素的原始图像。编码器采用去除了全连接层的 MobileNets，以便获得图像的局部信息值进而进行归类、分析和压缩图像尺寸容量。解码器由深度可分离卷积和反卷积模块组成，深度可分离卷积核的大小为 3×3，反卷积核的大小为 2×2，步长为 2。解码器之后是 BN 层和 ReLU 激活函数层，以确保与 MobileNets 相应层中的特征图尺度一致。该模型输出为标注原始图像的分割图像，包括冬小麦、土壤和杂草图像。该模型能够快速地执行分割任务，实现冬小麦、土壤和杂草的有效分割[152]。

图 4.6 展示了模型分割各个阶段的图像。通过一个图像分割网络来进

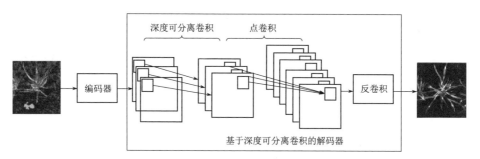

图 4.5 图像分割网络模型的结构

（a）原始图像　　　　　　（b）标注图像

（c）初步分割图像　　　　（d）提取分割图像

图 4.6 单通道标注方法的分割过程图像示例

行单独一类的分割，将一个多分类问题优化成二分类的问题，并将每一个种类的语义标注图像作为单通道输入。

相对于传统的卷积神经网络结构，深度可分离卷积神经网络模型的参数数量大大减少，从而使运算规模和计算复杂度同步减少。此外，在训练阶段，调整模型权重的时间和计算速度也得到了显著提高。

4.1.3　试验环境和评估指标

本节试验使用的硬件设备为一台笔记本电脑，其 CPU 为 AMD Ryzen 7 5800H@3.20 GHz，内存为 16GB，显卡为 GTX3060，操作系统为 Windows 11，深度学习框架为 PyTorch。

在图像分割模型的评估中，主要使用准确率（A_1）、查准率（P_1）和召回率（R_1）这三个指标。具体各个指标的定义如下：

（1）准确率（A_1）。该指标表示数据集中被分类正确的样本占总样本数的比例，计算公式为

$$A_1 = \frac{TP + TN}{ALL} \tag{4.1}$$

式中：TP 为该类别中被正确分类为正样本的数量；TN 为被正确分类为负样本的数量；ALL 为测试集样本的总数。

（2）查准率（P_1）。该指标表示被预测为正样本的样本中实际为正样本的比例，计算公式为

$$P_1 = \frac{TP}{TP + FP} \tag{4.2}$$

式中：FP 为负样本被分类为正样本的数量。

（3）召回率（R_1）。该指标表示每个类别中被分类为正样本的正样本数占该类别所有正样本数的比例，计算公式为

$$R_1 = \frac{TP}{TP + FN} \tag{4.3}$$

式中：FN 为正样本被分类为负样本的数量。

4.1.4　图像分割模型结果与分析

本节针对冬小麦的 RGB 图像进行了分割，并通过多次试验，筛选出准确率最高的一组超参数作为最终的图像分割模型参数。最终模型的参数优化器采用随机梯度下降算法，学习率设置为 0.001，batch size 设置为 4，Dropout 比率设置为 0.3，最后一层激活函数采用 Sigmoid 激活函数。

针对同一冬小麦测试集，采用 SegNet 模型、U-Net 模型以及本节提出的图像分割模型分别进行试验，各模型的准确率、查准率和召回率见表4.1。冬小麦幼苗期样本三种模型的输出结果如图 4.7 所示。

表 4.1　　　　　　　基于冬小麦测试集样本的各模型评估指标　　　　　　　%

模　型	A_1			P_1			R_1		
	冬小麦	杂草	土壤	冬小麦	杂草	土壤	冬小麦	杂草	土壤
SegNet 模型	89.93	18.39	56.43	90.12	17.32	55.43	92.25	16.65	54.32
U-Net 模型	90.89	18.33	61.00	92.03	16.56	60.23	93.24	16.03	58.47
本节模型	90.91	22.87	65.15	93.45	17.21	60.58	95.02	18.43	58.32

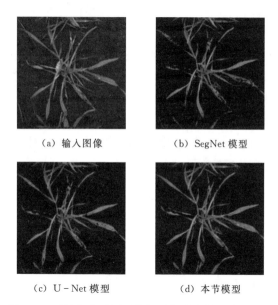

（a）输入图像　　　　　　　（b）SegNet 模型

（c）U-Net 模型　　　　　　（d）本节模型

图 4.7　不同方法对测试数据进行分割输出结果对比

通过表 4.1 可以看出：深度可分离卷积分割模型对冬小麦、杂草及土壤的分割准确率分别为 90.91%、22.87%、65.16%，查准率分别为 93.45%、17.21%、60.58%，召回率分别为 95.02%、18.43%、58.32%；本节模型识别冬小麦、杂草和土壤的准确率、查准率和召回率均优于另外两种模型。结合图 4.7 发现，SegNet 模型的输出结果基本反映了分割效果，但图像边缘模糊；U-Net 模型的分割效果较为清晰、准确，但对杂草的切割精度较本节模型的低，且随着冬小麦的生长识别准确率逐渐降低；本节模型得到的图像边缘清晰，整体效果最优。

4.2　改进的 Faster R - CNN 目标检测模型

4.2.1　Faster R - CNN 目标检测模型

　　Faster R - CNN 目标检测模型是在 Fast R - CNN 的基础上，由深度学习 VGG 模型和区域候选网络 RPN 组成。Fast R - CNN 通常采用选择性搜索方法获取候选框，然后通过感兴趣区域池化（ROI Pooling）将候选区域调整为固定尺寸进行检测，并输入到全连接层进行识别分类。相比 Fast R - CNN，Faster R - CNN 通过放弃选择性搜索方法，而使用 RPN 卷积网络生成区域候选框进行目标检测，提高了候选框的质量，同时减少了候选框的数量，降低了计算复杂度，提高了检测速度。

　　改进的 Faster R - CNN 目标检测模型的核心结构如图 4.8 所示。在应用过程中，首先，对上节分割后的图像样本进行标注；其次，使用优化的 VGGNet - 16 提取冬小麦图像特征；然后，使用改进的 RPN 网络生成目标候选区域；最后，采用 Faster R - CNN 目标检测模型进行原始候选框的检测和边框回归纠正训练，使用分类器实现对候选区域的分类，进而实现冬小麦图像的检测和生育阶段的识别分类。

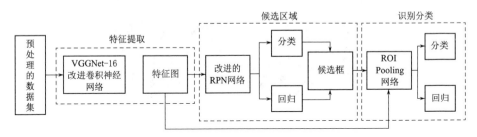

图 4.8　改进的 Faster R - CNN 目标检测模型的核心结构图

4.2.2　激活函数的优化

　　2014 年牛津大学提出了 VGG 卷积神经网络的原始模型。VGG 模型是一种轻量级模型，是在 AlexNet 网络的基础上经过提升改进而来的[153]。其特点是直观、实用，且能够快速应用到多个领域并产生新的研究成果。该模型在 2014 年的全球大规模图像竞赛中的准确率高达 92.3%[154]。本节选取 VGGNet - 16 作为神经网络模型，其网络结构如图 4.9 所示。

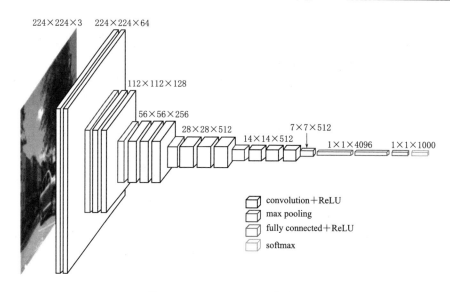

图 4.9　VGGNet‑16 网络结构

　　为了提高 VGGNet‑16 在图像特征提取中的分类准确率，VGGNet‑16 在提取图像特征时通常采用 ReLU 激活函数。研究表明[156]，使用 Swish 激活函数可以进一步提高分类准确性。因此本节使用 Swish 激活函数代替 ReLU 激活函数。为了验证不同激活函数下模型的分类准确性，基于 TensorFlow 框架搭建 VGGNet‑16 网络平台，并分别采用 ReLU（改进前）和 Swish（改进后）的激活函数来提取冬小麦的特征图，共进行了 30 次训练。表 4.2 展示了激活函数优化前后的 VGGNet‑16 提取冬小麦特征的准确率，图 4.10 展示了优化前后的特征图。结合表 4.2 和图 4.10 可以看出，优化后的 VGGNet‑16 提取出的特征图的条纹更加清晰，各个生育阶段的识别准确率也更高。

表 4.2　　　　　　激活函数优化前后 VGGNet‑16 模型的准确率

ReLU 激活函数			Swish 激活函数		
幼苗期	抽穗期	成熟期	幼苗期	抽穗期	成熟期
89.23	90.02	91.13	89.56	90.56	92.00

4.2.3　RPN 网络优化

　　RPN 网络是一种生成区域候选框网络，它的输入是经 VGGNet‑16 网络模型的卷积操作提取到的小麦特征图像。该图像输入网络后，首先在图像上生成锚点（anchor）和锚框（anchor box），其次对锚框进行二分类，然后进行分类和边框回归，最后的输出是置信度表示的矩形候选检测框。使用 RPN 网络的最终目的是在原始图像上生成多个候选框，这些候选框用于 Faster R - CNN 的检测和分类。

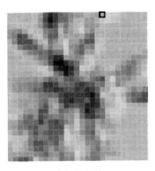

(a) ReLU　　　　　　　　　　　(b) Swish

图 4.10　基于 ReLU 和 Swish 的 VGGNet - 16 提取的冬小麦特征图可视化

4.2.3.1　锚点（anchor）尺寸重新设计

锚点的真实含义是特征图像空间中的某一个像素位置和与之相对应在原始图像上的某一个像素位置的映射关系。以锚点为中心，在其周围设定 9 个基本候选框。锚点是大小和尺寸经过预先设定的候选框，锚点的确定是 RPN 网络的第一步运算，实质上就是一个卷积运算的过程，也可称作一个 3×3 大小的滑动窗口（sliding window）。为便于进行二分类处理，通常考虑 9 个可能的锚框（anchor box）。图 4.11 是锚点中心的产生过程以及 9 个锚框的选择示例图。

在原始图像上生成锚点的目的是得到分类标签（0、1 分类问题）。在训练 RPN 网络时，因为训练过程采取的是有监督的学习方式，所以可以得到相应的小麦图像分类标签。

RPN 网络的输入是经过 VGG-Net - 16 提取到的特征图，在特征图

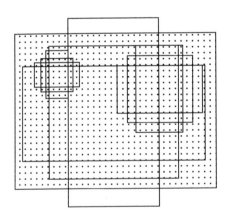

图 4.11　锚点中心和 9 个锚框

上使用 RPN 操作选择最佳的候选框，其目的是通过映射得到原始图像的候选区域。映射过程如图 4.12 所示。

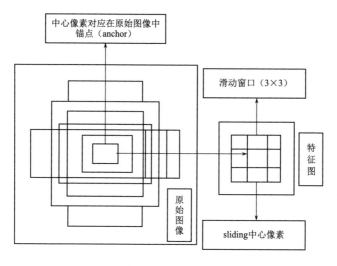

图 4.12　映射过程

Faster R – CNN 模型采用了 3 种尺寸和 3 种长宽比总共 9 种不同尺寸大小的候选框来提取前景区域。但由于锚框尺寸是针对 VOC 格式的数据集，锚点的大小是特别设计的，不适用于冬小麦数据集。为此，本节重新设计了适用于冬小麦数据集的锚框尺寸，结果如图 4.13 所示。原有锚框的大小为 128、256、512，每种锚框的长宽比有三种，分别为 1∶1、1∶2 和 2∶1。为了提高检测准确率，避免漏检现象的发生，需要调整候选框的大小和比例。因此，本节使用聚类方法重新对冬小麦数据集进行聚类，并生成适合的锚框尺寸，见表 4.3。

表 4.3　　　　　　　　　　　　重新设置后的锚框尺寸

锚框尺寸/(像素×像素)	锚框比例	锚框尺寸/(像素×像素)	锚框比例
18×18	2∶1	36×36	1∶2
18×18	1∶1	72×72	2∶1
18×18	1∶2	72×72	1∶1
36×36	2∶1	72×72	1∶2
36×36	1∶1		

4.2.3.2　生成感兴趣区域

RPN 网络的任务是生成感兴趣区域，并且根据这些感兴趣区域划分出前景、背景以及感兴趣区域的位置信息。在 RPN 中，特征图使用大小为 3 像素×3 像素的滑动窗口进行扫描，将滑动窗口网络映射的特征向量输入

75

到两个全连接层中。本节经过特征提取生成的特征图大小为 64 像素×64像素，锚框尺寸有 3 种选择。

由 RPN 产生的每个候选框的位置信息无法直接确定目标位置，因此采用边框回归算法来修正位置信息。边框回归算法如图 4.13 所示，图中 G 框代表预定的锚框 GT，P 框代表原始候选框，G′框代表预测的锚框 GT，是修正位置后更接近 GT 的框。为了使原始候选框位置偏移 GT 远近，而修正后的 G′框与 GT 更接近，需要寻找一种关系使得 P 框经过映射后能得到一个更接近锚框的回归框 G′。对于窗口一般使用四维向量 (x,y,w,h) 来表示，分别表示窗口的中心点坐标和宽高[155]。

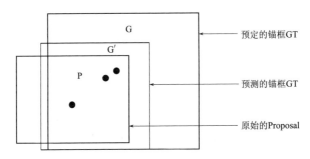

图 4.13　窗口 G 更接近的回归窗口 G′

假设给定的候选框的位置向量为 (P_x,P_y,P_w,P_h)，则需要一种映射关系使得式（4.4）成立。

$$f(P_x,P_y,P_w,P_h)=(G_x',G_y',G_w',G_h')\approx(G_x,G_y,G_w,G_h) \quad (4.4)$$

式中：下标 x、y、w、h 分别为边框中心点的横纵坐标和边框的长和宽。对于中心点位置的修正可以使用平移变换，对于长度的修正可以使用缩放变换。

本节通过聚类方法重新对冬小麦数据集进行聚类，生成新的锚点尺寸。该设计能够有效减少相邻区域出现漏检的情况，从而提高检测准确率。图 4.14 展示了优化前后的试验结果对比图。可以看出，改进后的 RPN 有效降低了相邻区域的漏检情况。

4.2.3.3　损失函数

损失函数（loss）是对候选区域与原始图像区域间的误差进行评价的指标。在 RPN 中，利用损失函数对原始图像的候选框进行分类和回归，RPN 中的分类器将候选框分为前景（foreground）和背景（background），分别标为 1 和 0，并在训练过程中选择 256 个候选框，代表候选框数量为 256。因

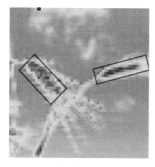 

(a) 优化前   (b) 优化后

图 4.14 优化前后的试验结果对比

此，RPN 训练过程中的损失函数为分类交叉熵损失和回归 $Smooth\ L_1$ 损失的总和，其公式如下：

$$L(\{p_i\},\{t_i\}) = \frac{1}{N_{cls}}\sum_i L_{cls}(p_i,p_i^*) + \lambda\frac{1}{N_{reg}}\sum_i p_i^* L_{reg}(t_i,t_i^*) \quad (4.5)$$

其中

$$p_i^* = \begin{cases} 0, & \text{背景} \\ 1, & \text{前景} \end{cases} \quad (4.6)$$

$$L_{reg}(t_i,t_i^*) = R(t_i,t_i^*) \quad (4.7)$$

$$R(t_i,t_i^*) = SmoothL_1(t_i,t_i^*) = \begin{cases} 0.5x^2, & \|x\| < 1 \\ \|x\| - 0.5, & \|x\| \geqslant 1 \end{cases} \quad (4.8)$$

$$t_i = t_{xi} + t_{yi} + t_{wi} + t_{hi} \quad (4.9)$$

$$t_i^* = t_{xi}^* + t_{yi}^* + t_{wi}^* + t_{hi}^* \quad (4.10)$$

$$t_x = \frac{x - x_a}{w_a}, t_y = \frac{y - y_a}{h_a} \quad (4.11)$$

$$t_w = \log\left(\frac{w}{w_a}\right), t_h = \log\left(\frac{h}{h_a}\right) \quad (4.12)$$

$$t_x^* = \frac{x^* - x_a}{w_a}, t_y^* = \frac{y^* - y_a}{h_a} \quad (4.13)$$

$$t_w^* = \log\left(\frac{w^*}{w_a}\right), t_h^* = \log\left(\frac{h^*}{h_a}\right) \quad (4.14)$$

式中：$\frac{1}{N_{cls}}\sum_i L_{cls}(p_i,p_i^*)$ 为分类交叉熵损失的计算方法；$\lambda\frac{1}{N_{reg}}\sum_i p_i^* L_{reg}(t_i,$ $t_i^*)$ 为回归 $SmoothL_1$ 损失的计算方法；$L_{cls}(p_i,p_i^*)$ 为 p_i 和 p_i^* 的对数损失；N_{cls} 为框内预测目标的概率；p_i^* 为实际目标的概率；L_{reg} 为回归损失；

R 为 $Smooth$ 函数；t_i 为候选框相对于目标所在的真实框预测的偏移量；t_i^* 为候选框相对于目标所在的真实框实际的偏移量；下标 x,y,w,h 分别为边框中心点横、纵坐标和边框长与宽。

　　RPN 的回归损失（regression loss）和分类损失（class loss）曲线如图 4.15 和图 4.16 所示，两图横坐标代表迭代次数，纵坐标表示损失函数。

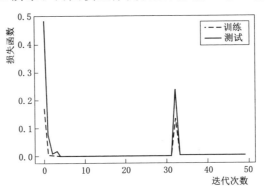

图 4.15　RPN 的回归损失曲线

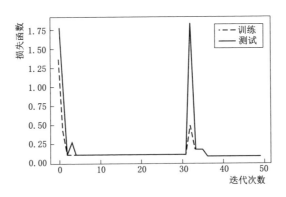

图 4.16　RPN 的分类损失曲线

　　首先，RPN 的回归分类是一个二分类问题，由于二分类问题易出现过拟合现象，所以回归损失接近 0 属于正常现象。其次，RPN 仅提供了一个大致的候选区域，通过模型确定在原始图像上的错误定位情况，之后还需分类网络再一次对坐标回归分类，以准确定位候选框的位置。

4.2.3.4　非极大值抑制算法的优化

　　RPN 网络使用低阈值分类器易出现多个候选框被重复选中的情况[156]，造成 Faster R - CNN 目标检测算法的检测效率较低。为避免重复选中多个候选框，优化的 Faster R – CNN 模型采用了非极大值抑制（Non·Maximum Suppression，NMS）算法来筛选最佳的候选框。NMS 算法的具体步骤是：首先设定一个交并比（Intersection over Union，IoU）的阈值作为定位精度评价公式，然后按照与真实框重合的分数大小对所选区域框进行排序，舍弃重叠度小于设定阈值的候选框，最后得到更为有用的候选框。该抑制过程实质上是迭代、遍历、消除重复循环的过程[157]，选择区域框的计算公式见式（4.15）和式（4.16）。

$$IoU = \frac{S_{A \cap B}}{S_{A \cup B}} \tag{4.15}$$

$$S_i = \begin{cases} S_i, IoU < N_t \\ 0, IoU \geqslant N_t \end{cases} \tag{4.16}$$

式中：A 为选择出的区域框；B 为真实候选框；IoU 为选择候选框 A 与真实候选框 B 重叠的面积在它们总面积中所占的比例；$S_{A \cap B}$ 为选择候选框 A 与真实候选框 B 重叠的面积；$S_{A \cup B}$ 为选择候选框 A 与真实候选框 B 的总面积；S_i 为当前类别的得分；N_t 为第 t 次迭代设定的阈值。当候选框的重叠区域 IoU 较大时，不应该直接将其删除，而应该给予较低的分值。

NMS 算法在单个目标检测模型中表现较佳，但对于多个目标的检测效果较差。然而，在冬小麦生育阶段的识别中存在多个目标的情况。此外，由于冬小麦植株较密集，在生育阶段的分类识别中，可能会出现检测框位置不准确、相邻区域漏检或误检的问题。为解决这些问题，本节引入高斯加权法作为惩罚函数，对非极大值抑制算法进行改进，重新计算重叠区域的得分，以此来判断候选框的优劣。高斯加权法具有连续性、曲线平滑、没有跳跃点等特点。改进后的算法不会直接删除小于阈值的候选框，而是给予一定的惩罚因子重新判断重叠区域。具体来说，就是罚函数的值与重叠区域的大小成正比，从而使重叠区域越大，对应的得分就越低。改进后的高斯加权惩罚函数曲线如图 4.17 所示。改进后的候选框重叠度分数计算公式如下：

$$S_i = S_i^{\frac{IoU(b_m, b_i)^2}{\theta}}, vb_i \in D \tag{4.17}$$

式中：S_i 为当前类别的得分；b_m 为当前得分最高的预测结果；D 为所有边框的集合；θ 为高斯加权惩罚因子，它的不同取值会影响惩罚函数的强度。

图 4.17 对比了不同的高斯取值对置信度惩罚的影响，图中横坐标表示阈值 IoU，纵坐标表示权值。优化后的 Faster R-CNN 目标检测模型的检测效果如图 4.18 所示。由图 4.18 可以看出，在加入惩罚因子后的检测

模型在冬小麦的抽穗期和成熟期的检测效果显著提高。

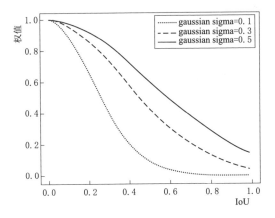

图 4.17　改进后的高斯加权惩罚函数曲线

（a）抽穗期的检测效果　　　　　　（b）成熟期的检测效果

图 4.18　冬小麦检测效果示例

4.2.4　回归分类

采用改进的 Faster R – CNN 目标检测模型进行原始候选框的检测和边框回归纠正训练，使用分类器实现对候选区域的分类。特征图经过 RPN 网络后输出的是大量感兴趣区域[158]，通过锚点尺寸重新设计修改感兴趣区域的边框，使用 NMS 算法避免重复选择候选区域框，加入惩罚因子能够有效避免检测框位置不准确、相邻区域漏检或误检现象，将 RPN 网络输出的感兴趣区域，进行池化层操作得到固定统一尺寸的小麦图像特征，之后将特征图输入到两个并联的全连接层，在全连接层之后是 softmax 分类器[159]，对候选区域框进行分类识别。分类器的输出结果可以当成候选框的分类检测的概率，然后对所有候选区域进行分类，最后得到分类识别结果。

4.3 深度特征学习的冬小麦生育阶段分类识别

4.3.1 试验环境和评估指标

本节试验使用与冬小麦图像分割相同的硬件设备，包括一台笔记本电脑和一组 AMD Ryzen 7 5800H@3.20 GHz CPU、16 GB 内存和 GTX3060 显卡。深度学习框架为 PyTorch，操作系统为 Windows 11。

在冬小麦图像分割模型的评估中，因涉及分割小麦、土壤和杂草，主要使用准确率（A_1）、查准率（P_1）和召回率（R_1）进行评估，而在冬小麦生育阶段分类识别模型的评估中，因使用改进的 Faster R-CNN 目标检测模型包含有区域生成候选框的 RPN 网络，仅使用准确率（A_1）这一指标就足够了。准确率（A_1）指标的计算公式如下：

$$A_1 = \frac{TP + TN}{TP + TN + FN + FP} \tag{4.18}$$

式中：TP 为分类正确的正例；FP 为分类错误的正例；FN 和 TN 分别为分类错误的反例和分类正确的反例，见表 4.4。

表 4.4　　　　　冬小麦分类识别模型判断是否分类正确的混淆矩阵

标　签　类　别		模　型　预　测	
		0	1
真实标签	0	(True positive) TP	(False negative) FN
	1	(False positive) FP	(True negative) TN

4.3.2 试验结果与对比分析

将经过标注的冬小麦图像数据集分为训练集和测试集进行实验。其中，训练集用于开展模型训练，测试集用于评估训练后的模型性能。本章将 750 张图像作为训练集，其中小麦幼苗期、抽穗期、成熟期各 250 张；150 张作为测试集，其中小麦幼苗期、抽穗期、成熟期各 50 张。在深度可分离卷积图像分割的基础上，分别在传统的 Faster R-CNN 模型与改进的 Faster R-CNN 模型中进行目标检测和回归分类训练，最终通过测试集数据评估检验模型性能。使用传统的 Faster R-CNN 模型对冬小麦生育阶段的识别结果如图 4.19 所示。

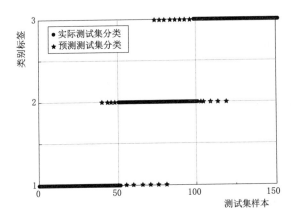

图 4.19　传统的 Faster R-CNN 模型对冬小麦生育阶段的识别结果

图 4.19 的横坐标表示冬小麦测试集样本的数量，纵坐标表示冬小麦生长期的类别，其中纵坐标的值 1、2、3 分别表示冬小麦的幼苗期、抽穗期、成熟期。从图 4.19 中可以看出识别错误率较高的时期是成熟期和抽穗期，主要原因是冬小麦后期植株较密集，抽穗期和成熟期会出现相邻间检测框位置不准确，相邻区域漏检或误检的情况。

使用改进的 Faster R-CNN 模型对冬小麦生育阶段分类，结果如图 4.20 所示。

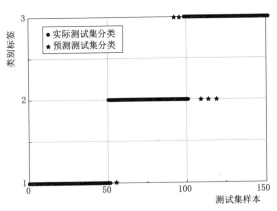

图 4.20　改进的 Faster R-CNN 模型对冬小麦的生育阶段的分类结果

图 4.20 的横坐标表示冬小麦测试集样本的数量，纵坐标表示冬小麦生育阶段的类别，其中纵坐标的值 1、2、3 分别表示冬小麦的幼苗期、抽穗期、成熟期。从图 4.20 中可以看出改进后的分类识别整体状况良好。

改进前后的模型分类识别试验结果见表 4.5。

表 4.5　基于改进前后的 Faster R - CNN 的生育阶段测试集准确率对比

生育阶段	样本数量/个		识别正确个数/个		准确率/%	
	训练集	测试集	改进前	改进后	改进前	改进后
幼苗期	250	50	44	49	88.00	98.00
抽穗期	250	50	41	47	82.00	94.00
成熟期	250	50	42	48	84.00	96.00
整个生育阶段	750	150	127	144	84.67	96.00

从表 4.5 中可以看出，模型改进前的每个生育阶段的识别准确率都在 80% 以上，但由于抽穗期和成熟期存在冬小麦植株的重叠情况，模型无法准确地判断冬小麦所在阶段。整体的平均分类识别准确率只有 84.67%。模型改进后每个生育阶段的识别准确率都在 90% 以上，三个阶段的平均分类识别准确率提高到 96.00%，比改进前高了 11.33%。说明改进的 Faster R - CNN 能够有效提高冬小麦生育阶段的分类识别准确率，对冬小麦生长过程的智能化管理具有一定的指导意义。

4.4　本章小结

针对传统的图像分割 SegNet、U - Net 模型存在分割模型图像边缘模糊和提取特征不精确等问题，本章构建了一种深度可分离卷积的冬小麦分割模型。试验表明，该模型对冬小麦、杂草及土壤的分割准确率分别为 90.91%、22.87%、65.16%，查准率分别为 93.45%、17.21%、60.58%，召回率分别为 95.02%、18.43%、58.32%。与传统的图像分割 SegNet、U - Net模型对比显示，在冬小麦、杂草和土壤方面的准确率、查准率和召回率均优于另外两种模型。该分割模型图像分割效果质量好，边缘清晰，从田间图像中能够准确提取出冬小麦样本。

在图像分割基础上，首先，对冬小麦图像样本数据进行前景及后景标注；其次，使用优化的深度学习 VGGNet - 16 模型提取冬小麦图像特征并进行学习；然后，使用改进的区域候选网络 RPN 生成目标候选区域框，构建了改进的 Faster R - CNN 目标检测模型；最后，采用改进的 Faster R - CNN 目标检测模型进行原始候选框的检测和边框回归纠正训练，使用分类器对原始图像候选区域进行分类，实现了对冬小麦生育阶段的准确识别。通过对比试验表明，模型改进后的每个生育阶段的识别准确率都在 90% 以上，三个生育阶段平均分类识别准确率提高到 96.00%，比改进前提高了 11.33%。说明基于改进的 Faster R - CNN 的冬小麦生育阶段识别模型能够有效提高冬小麦生育阶段分类识别的准确率，对农业生产活动具有一定的指导意义。

第 5 章　基于 VGGNet – 16 的冬小麦生长过程病虫害精准识别

　　病虫害是小麦生产面临的重要难题，且是导致小麦减产的主要因素之一，严重影响我国小麦的产量和质量[160]。传统的小麦病虫害识别主要依靠工作人员进行巡查或者利用机器视觉技术进行辅助识别。工作人员巡查主要依赖农业劳动者的观察和专业经验来进行判断与决策。但是，当无法准确识别杂草种类和病虫害类型时，农业生产者在田间盲目地进行大面积喷洒除草剂和杀虫剂等化学药剂，不仅会浪费农业资源，而且会导致农业面源污染，如果农产品残留药剂处理不当，还会危害人类健康。机器视觉技术是农作物病虫害自动检测的高效方法，其核心是图像处理。然而，在基于机器视觉技术的图像处理过程中，尚无通用的分割理论，导致算法的扩展性不足。此外，利用机器视觉技术识别冬小麦病虫害还存在处理流程复杂、人力成本高、主观性强、难以及时发现导致病虫害大面积传染等问题。近年来，随着人工智能技术的不断发展，深度学习[161] 已逐渐代替机器学习，成为人工智能技术的主要代表，逐渐被应用于农作物病虫害识别领域。

5.1　冬小麦病虫害深度学习模型的选择

　　冬小麦病虫害的控制是冬小麦生长面临的基本问题。CNN 是深度学习的典型代表，可以自动提取病虫害特征，简化冬小麦病虫害识别流程，降低人力成本，大大提高准确率、稳定性以及识别效率。这对于推动农业信息化、智能化，促进农业的稳定发展具有重要意义。从国内外深度学习在病虫害识别领域的研究现状来看，目前的研究多集中在大叶片植物（如番茄、棉花、葡萄等），相对而言，对小叶片植物病虫害识别的研究较少。因此，本节选取冬小麦为研究对象，针对在试验田自然环境下采集的 4 种常见病虫害样本，建立规范化的数据集，并构建基于深度学习的冬小麦病虫害识别模型。

5.1.1　数据与方法

本研究采集的数据集来自华北水利水电大学农水教学实践基地，在自然环境下使用单反相机进行图像采集。为了规范数据集，本节对数据样本进行整理和划分、预处理和数据增强等处理。

（1）整理和划分。数据集共有 5 个类别，包括健康、蚜虫、白粉病、叶锈病和条锈病。数据集中的样本采集自冬小麦生长周期中的不同时间段，共有 1003 张图像。其中，部分冬小麦样本如图 5.1 所示。

（a）健康　　　　　　　　　（b）蚜虫　　　　　　　　　（c）白粉病

（d）叶锈病　　　　　　　　（e）条锈病

图 5.1　部分冬小麦样本展示

按照最常见的样本 8∶2 划分比例，将每种类型的数据集随机划分为训练集和测试集，数据集的构成情况见表 5.1。

表 5.1　　　　　　　　　冬小麦病虫害数据集构成

种　类	训 练 集	测 试 集	合　计
蚜虫	36	10	46
白粉病	58	15	73
健康	113	30	143
叶锈病	289	74	363
条锈病	301	77	378
总计	797	206	1003

（2）预处理。为了适应本节所使用的卷积神经网络模型的输入样本尺寸要求，采用最近邻图像插值方法将原始图像转化为 224 像素×224 像素大小的图像，并对其进行归一化处理，以得到标准化的图像，避免训练过程中出现梯度爆炸。

（3）数据增强。为了减弱光照干扰，对预处理后的图像进行增强处理。本节采用基于科学试验和分析的 Retinex 系列算法进行图像增强。Retinex 系列算法包括 SSR[162]、MSR[163]、MSRCR[164]、AutoMSRCR[165] 等，图5.2 展示了上述算法的增强效果。

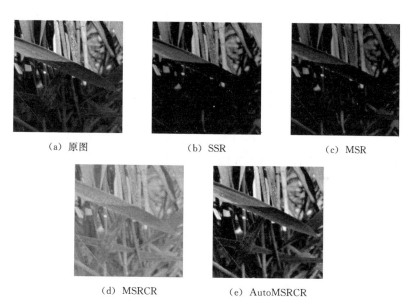

（a）原图　　　　　　　（b）SSR　　　　　　　（c）MSR

（d）MSRCR　　　　　（e）AutoMSRCR

图 5.2　Retinex 系列不同算法处理效果图

如图 5.2（b）、（c）所示，SSR 和 MSR 算法增强后的图像过暗，丢失了大量细节信息，图 5.2（d）使用默认参数对图像进行处理的 MSRCR 算法也无法取得较好的效果。因此，本节选择图 5.2（e）效果较好的 AutoMSRCR 算法来对样本进行图像增强。

5.1.2　深度学习模型介绍

为了满足硬件设备的环境条件，本节选择了 3 种对计算机硬件性能要求相对较低，且图像分类效果表现优异的卷积神经网络模型进行训练，3 种传统卷积神经网络分别是 AlexNet、VGGNet‐16 和 Inception‐V3，以实现对冬小麦常见病虫害图像的分类识别。

AlexNet 是一种经典的卷积神经网络模型，该模型在 2012 年的 ImageNet 图像识别大赛中表现优异，以 57.1% 的准确率和 80.2% 的识别率夺冠，并奠定了 CNN 在图像分类算法中的核心地位[166]。该模型由 5 个卷积层和 3 个全连接层组成，每个卷积层和全连接层都经过了 ReLU 激活函数层的处理。在前两个全连接层后，模型使用了 LRN 来加速收敛并增强模型的泛化能力。

VGGNet[167] 是由牛津大学的 VGG 试验组提出的一系列神经网络模型。其中最受欢迎的是 VGGNet - 16 网络模型，其在 ImageNet 图像识别大赛中的准确率位居第 5，达到了 92.3%。该模型采用较小的卷积核进行特征提取，共包含 13 个卷积层和 3 个全连接层。

Inception[168] 是 Google 团队于 2014 年提出的一系列网络模型，与之前靠堆叠卷积层提取特征的模型不同，其创新性地提出了 Inception 模块。根据结构的不同，Inception 模型分为多个版本，本节选择 Inception - V3 模型。

5.1.3　模型评估指标和试验环境

5.1.3.1　模型评估指标

本节采用多项指标对冬小麦病虫害识别模型进行评估。其中包括准确率、查准率、召回率以及综合评估指标 F_1 值。准确率用于评估整体分类的准确程度；查准率用于评估分类结果中正样本的准确率；召回率用于评估所有正样本被正确分类的比例；F_1 值是查准率和召回率的调和平均数，综合了两者的优劣。

（1）准确率（A_1）是衡量分类器分类正确的样本数占总样本数的比例，计算公式为

$$A_1 = \frac{\sum_{i=1}^{N}(\mathrm{TP} + \mathrm{TN})}{\mathrm{ALL}} \tag{5.1}$$

（2）查准率（P_1）是指每个类别中被预测为该类别的样本中实际为该类别的样本占比，其计算公式为

$$P_1 = \frac{\mathrm{TP}}{\mathrm{TP} + \mathrm{FP}} \tag{5.2}$$

（3）召回率（R_1）表示每个类别实际为正样本的样本中被预测为正样本的比例，计算公式为

$$R_1 = \frac{TP}{TP + FN} \tag{5.3}$$

（4）F_1 值是一个综合评估指标，它是查准率和召回率的调和平均值。F_1 值越高，表示分类器的性能越好，计算公式为

$$F_1 = \frac{2P_1 R_1}{P_1 + R_1} \tag{5.4}$$

本节 ALL 表示数据集样本总数量；TP 表示该类别中正样本被分类为正样本的数量；TN 表示负样本被分类为负样本的数量；FP 表示该类别中负样本被分类为正样本的数量；FN 表示该类别中正样本被分类为负样本的数量。

5.1.3.2　试验环境

试验使用的计算机配置情况见表 5.2。

表 5.2　　　　　　　　试验使用的计算机配置情况

计算机型号	CPU	内存	硬盘容量	操作系统	深度学习框架
联想 R9000P	AMD Ryzen 7 5800H@3.20GHz	16GB	2TB	Windows11	PyTorch
计算机型号	编程语言	编辑器	图像处理库	环境管理软件	
联想 R9000P	Python 3.9	PyCharm	cv2 和 PIL	Anaconda3	

5.1.4　深度学习模型的选择

本节使用规范化的冬小麦病虫害数据集，实现了三个传统卷积神经网络 AlexNet、VGGNet-16 和 Inception-V3 对冬小麦病虫害的识别。通过准确率、查准率、召回率及 F_1 值判别模型的泛化能力，通过损失函数验证模型的收敛性，挑选出在本数据集上泛化能力最好的网络模型作为深度学习基础模型，并对训练集进行批次训练以提高模型训练速度。表 5.3 列出了各网络模型对应的超参数，表 5.4 列出了各模型在测试集上的评估指标。

表 5.3　　　　　　　两种训练方式最终模型的超参数

参　　　数	构建模型训练	使用脚本训练
迭代次数	50	500
批次	32	100
损失函数	softmax 交叉熵	softmax 交叉熵
优化器	Adam 优化器	梯度下降优化器
学习率	衰减学习率	不变学习率

表 5.4　　　　　　　　　　各网络模型的测试集评估指标

类别	AlexNet			VGGNet - 16			Inception - V3		
	P_1	R_1	F_1	P_1	R_1	F_1	P_1	R_1	F_1
蚜虫	0	0	0	0	0	0	0	0	0
白粉病	0.2936	0.2625	0.2772	0.3315	0.2042	0.2527	0.3045	0.2032	0.2437
健康	0.4352	0.5533	0.4872	0.8324	0.6618	0.7362	0.6583	0.7364	0.6952
叶锈病	0.6473	0.6021	0.6239	0.7784	0.7435	0.7605	0.5932	0.6471	0.6189
条锈病	0.6483	0.7227	0.6835	0.6463	0.8829	0.7463	0.6364	0.6139	0.6249
平均	0.4049	0.4281	0.4143	0.5177	0.4981	0.4992	0.4385	0.4401	0.4366
A_1	0.5827			0.6914			0.6037		

在表 5.3 中，Adam 优化器的参数设置为 beta _ 1＝0.9，beta _ 2＝0.99。对于衰减学习率方法，初始学习率设置为 0.01，每 10 个迭代衰减 1/2；对于不变学习率方法，学习率一直保持为 0.01。

根据表 5.4 可知，三个传统卷积神经网络的冬小麦病虫害识别效果如下：①AlexNet 网络模型的测试集准确率为 58.27%，在对条锈病的识别效果方面表现最佳，F_1 值为 0.6835，但对蚜虫的识别效果最差，F_1 值为 0，对白粉病的识别准确率也较低，F_1 值为 0.2772，识别效果不佳；②VGG-Net - 16 模型的测试集准确率为 69.14%，在对叶锈病的识别效果方面表现最佳，F_1 值为 0.7605，与 AlexNet 模型对蚜虫的识别效果相同，但对白粉病的识别准确率较低，F_1 值仅为 0.2527；③Inception - V3 模型的准确率为 60.37%，在对健康小麦的识别效果方面表现最佳，F_1 值为 0.6952，但对蚜虫的识别效果与 AlexNet 模型相同，识别效果较差，对白粉病的识别准确率也较低，F_1 值仅为 0.2437。

综上，三个网络模型中，VGGNet - 16 的准确率最高，F_1 值最高，因此本节选择 VGGNet - 16 作为深度学习的基础网络模型。

5.2　数据扩充的冬小麦病虫害识别模型

本节研究的冬小麦病虫害数据集中包括蚜虫、白粉病、叶锈病、条锈病和健康五类样本。为了比较各类别样本数量的 F_1 值，本节优选 VGG-Net - 16 作为基础网络模型，并将结果呈现在图 5.3 中。

从图 5.3 可以观察到，不同类别的识别效果与其样本数量大致呈正相关关系。由此可以得出，数据集中不同类别的数量分布不均和数据量过少，导致某些类别的识别率低。

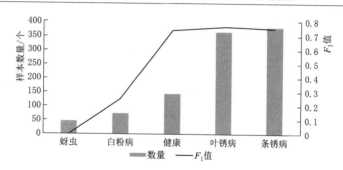

图 5.3　VGGNet – 16 模型各类别样本的数量与 F_1 值

5.2.1　数据扩充

深度学习是一种数据驱动技术，模型结构复杂，需要大量的训练样本来学习可能的分布。同时，深度学习模型对训练样本的要求较高，大规模样本的训练可以达到较高的精度。受冬小麦品种特性影响，本节用于训练的数据有限，在小规模样本下易出现过拟合。因此，本研究使用数据扩充方法对样本进行扩充，可以在一定程度上缓解样本量的限制和解决过拟合问题，改善整体学习过程并获得模型较好性能。

为了解决不同类别识别准确率分布不均的问题，本节采用数据扩充方法对训练数据集进行随机扩充，使得训练集中各类别的样本数量增加，且分布更加均匀，扩充后的数据集见表 5.5。对样本进行数据扩充的主要方法包括：

表 5.5　　　　　　　　　　冬小麦病虫害数据集分布

种　类	训　练　集			测试集
	原始数据	随机扩充倍数	扩充数据	
健康	113	7	791	30
条锈病	301	3	903	77
叶锈病	289	3	867	74
白粉病	58	14	812	15
蚜虫	36	22	792	10
总计	797	—	4165	206

（1）添加随机噪声和随机滤波。由于数据集样本是在试验田自然环境下采集的，背景比较复杂，存在大量噪声和光波干扰。为减少这些复杂背景对训练结果的影响，使用了添加随机噪声和随机滤波的方法。本研究采用常见的中值滤波、双边滤波、高斯模糊滤波和均值滤波，并通过生成随

机数在它们之间进行随机选择。

（2）进行随机旋转和随机偏移。为了提高模型的泛化能力，采用随机旋转和随机偏移对样本进行处理。由于在采集过程中，目标的位置和角度存在多种不确定性，因此，随机地对样本进行旋转和偏移，以增加数据集的多样性和鲁棒性。这样可以更好地适应目标的位置变化和多角度问题。

（3）添加随机色彩抖动。本节使用随机色彩抖动方法对样本进行扩充。由于采集样本的时间和天气等因素的影响，样本之间存在较大的色彩差异。因此，采用随机数生成的方法，在饱和度、亮度、对比度和锐度几个方面进行随机选择，并对样本进行扩充。这样可以增强模型对不同光照条件下的鲁棒性。

5.2.2　试验结果及分析

在扩充后的训练集上使用 VGGNet – 16 进行训练，本节数据扩充后模型训练的超参数见表 5.6。训练过程中，将训练集分为 32 个样本一组的小批次，进行 50 次迭代。总批次数约为 6.50×10^3 次，记录相应的训练集和测试集的变化曲线。如图 5.4 所示，在训练过程中，通过模型的准确率和损失函数来评估模型的稳定性和收敛性。使用数据扩充改进后的最终模型，得到了表 5.7 中所示的模型评估指标结果。

表 5.6　　　　　　　　　　数据扩充最终模型的超参数

超　参　数	方法或参数值	超　参　数	方法或参数值
迭代次数/次	50	优化器	Adam 优化器
批次	32	学习率	0.001
损失函数	softmax 交叉熵	—	—

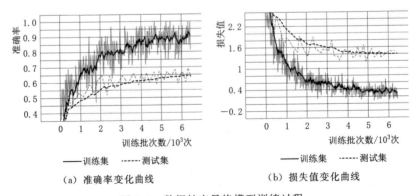

（a）准确率变化曲线　　　　　　（b）损失值变化曲线

图 5.4　数据扩充最终模型训练过程

表 5.7 数据扩充最终模型的结果

类别	P_1	R_1	F_1 值
蚜虫	0.3641	0.4436	0.3999
白粉病	0.4428	0.2872	0.3484
健康	0.7394	0.7422	0.7408
叶锈病	0.6435	0.7048	0.6728
条锈病	0.7471	0.7374	0.7422
平均	0.5874	0.5830	0.5808
A_1	0.6837		

从图 5.4（a）中可以看出，随着训练批次的增多，训练集的准确率逐渐提高，最终达到了 80%，而测试集的准确率不到 60%，且准确率变化范围相对稳定；图 5.4（b）中的损失值也随着训练次数的增加逐渐减小，最终趋于稳定，说明模型的训练已经收敛。

根据表 5.7 的结果，数据扩充后的最终模型准确率达到了 68.37%。相较于基础数据集，蚜虫的 F_1 值从 0 提升到了 0.3999，提升了 0.3999，白粉病的 F_1 值从 0.2527 提升到了 0.3484，提升了 0.0957。因此可以得出，数据扩充的方法可解决基础模型中出现的各类别识别准确率分布不均的问题。

图 5.5 展示了基础数据集和扩充数据集的最终模型在测试集上的准确率曲线对比图。每进行一次迭代，记录一次测试集的准确率，共进行了 50 次迭代。

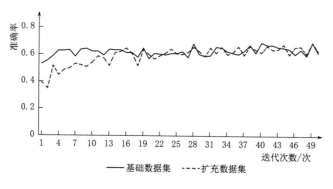

图 5.5 测试集准确率对比图

根据图 5.5 的结果，可以发现随着迭代次数的增加，数据扩充的测试集准确率并没有明显超过基础数据集的测试集准确率。这说明需要进一步提升模型的性能以达到更好的识别准确率。

5.3　迁移学习改进的冬小麦病虫害识别

在上节解决了基础模型在识别结果中各类型准确率分布不均的问题，然而，模型的准确率仍无法满足实际生产需求。为了解决这个问题，本节提出了一个基于迁移学习的改进模型，在扩充数据集的基础上进一步提高模型的识别准确率，并通过准确率及 F_1 值判别模型的泛化能力，通过损失函数验证模型的收敛性。

5.3.1　迁移学习

迁移学习（TL）是指在一个数据集上训练 CNN 模型后，将学习到的特征提取能力迁移到另一个数据集上[169]。迁移学习的能力代表着模型的泛化能力。如果模型能够在新的数据集上达到预期目标，则说明该模型具有较强的泛化能力，否则就说明泛化能力较弱。相较于从零开始训练模型，使用迁移学习后，模型的收敛速度更快，训练时间更短，特别是在数据集较小的情况下，能有效缓解模型过拟合的问题，提高测试集准确率。因此，本节引入迁移学习思想，以提高 VGGNet - 16 的识别准确率。

5.3.1.1　预训练

首先，使用 Plant - Village 数据集对 VGGNet - 16 进行预训练，得到预训练模型，然后再基于本节数据集进行迁移学习。Plant - Village 数据集是一个农作物叶子病虫害数据集，包含超过 5 万张病虫害样本图片，涵盖 14 种植物（如苹果、樱桃、葡萄、番茄、马铃薯、玉米等）的 26 种病害以及 38 个健康的分类。图 5.6 展示了数据集中的部分样本图片。

在进行预训练之前，考虑最近邻法可以保留图像的细节信息，本节使用最近邻法对 Plant - Village 数据集样本进行预处理，将其尺寸统一为 224×224，并进行归一化处理以避免梯度爆炸。由于 Plant - Village 数据集样本数量足够多，无须对其进行数据增强和扩充处理，可以对 VGGNet - 16 进行充分训练。

5.3.1.2　迁移学习训练机制

一个模型的迁移学习能力受多种因素的影响，其中，新数据集与源数据集之间的规模和模型中参数的相似程度是其最大的影响因素。根据这些不同的影响因素，可以将迁移学习分为两种方式：冻结源模型和微调源模型[170]。

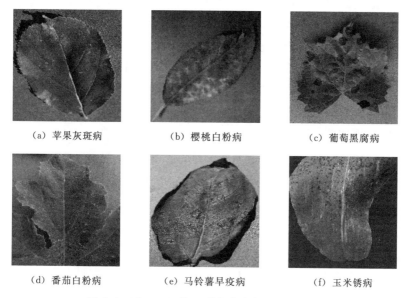

（a）苹果灰斑病　　　　（b）樱桃白粉病　　　　（c）葡萄黑腐病

（d）番茄白粉病　　　　（e）马铃薯早疫病　　　　（f）玉米锈病

图 5.6　Plant - Village 数据集的部分样本图片

（1）冻结源模型。冻结源模型是指在新任务的训练过程中，只修改最后一个全连接层的神经元个数，而不改变源模型的其他参数[171]。当模型参数规模较大或者新数据集与源数据集特征较为相似时，首选冻结源模型。在这种情况下，源模型可看作是特征提取器。冻结源模型的原理如图5.7 所示。

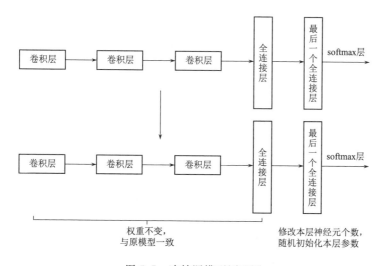

图 5.7　冻结源模型原理图

（2）微调源模型。微调源模型是指在训练过程中对源模型的参数进行微调。当新数据集的规模较大或者新数据集与源数据集之间的特征相似度较低时，通常会选择微调源模型。根据微调的层数不同，微调源模型可以分为微调部分层和微调全部层两种方式[172]。微调部分层通常会冻结靠前的卷积层，只训练其他未冻结的网络层；而微调全部层则不会冻结任何网络层，会对所有层进行训练。微调部分层模型原理如图 5.8 所示，微调全部层模型原理如图 5.9 所示。

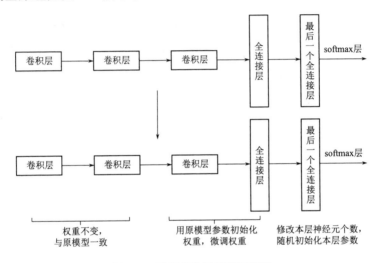

图 5.8　微调部分层模型原理图

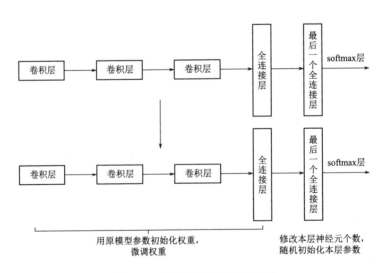

图 5.9　微调全部层模型原理图

5.3.2　试验设计

在本节中使用 ImageNet 数据集对基础模型 VGGNet - 16 进行了预训练，并将预训练的模型应用于经过扩充后的数据集上进行迁移学习。针对三种迁移学习方法，本节设计了以下四组试验，如图 5.10 所示。

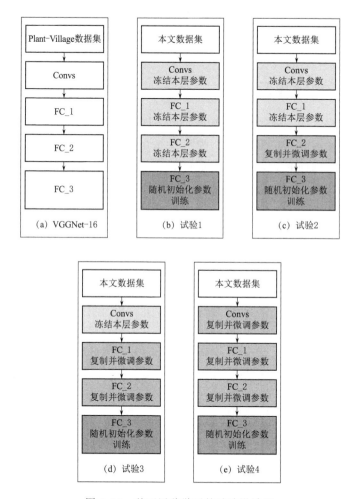

图 5.10　基于迁移学习的试验设计图

（1）试验 1：采用冻结源模型的迁移学习方式，复制卷积层、FC _ 1 全连接（FC）层和 FC _ 2 的参数，仅修改 FC _ 3 的神经元个数为 5 并进行随机初始化，最后进行训练。

（2）试验 2：采用微调部分层的迁移学习方式，复制卷积层和 FC _ 1

的参数，FC＿2 的参数复制后进行微调，FC＿3 的神经元个数为 5 并随机初始化，最后进行训练。

（3）试验 3：采用微调部分层的迁移学习方式，复制卷积层的参数，FC＿1 和 FC＿2 的参数复制后进行微调，FC＿3 的神经元个数为 5 并随机初始化，最后进行训练。

（4）试验 4：采用微调全部层的迁移学习方式，复制卷积层、FC＿1 和 FC＿2 的参数后进行微调，FC＿3 的神经元个数为 5 并随机初始化，最后进行训练。

5.3.3　试验结果及分析

本节试验采用了基础模型 VGGNet‐16，并在扩充后的数据集上进行的四种迁移学习方式的预训练，按照表 5.6 的超参数设置，对数据集进行分批次训练，构建预训练模型。同时，记录训练集和测试集的变化曲线。下面将分别开展 4 组试验，并对最终模型的进行结果对比分析。

（1）试验 1 的结果与分析。试验 1 采用模型准确率和损失函数来评估模型的稳定性和收敛性。图 5.11 展示了模型的准确率和损失函数变化曲线，表 5.8 则展示了试验 1 最终模型的评估指标结果。

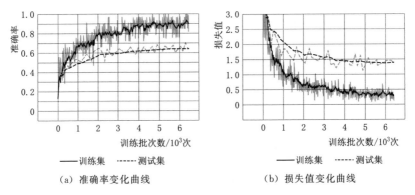

（a）准确率变化曲线　　　　　　　（b）损失值变化曲线

图 5.11　试验 1 最终模型训练过程

表 5.8		试验 1 最终模型的结果	
类　别	P_1	R_1	F_1 值
蚜虫	0.2718	0.4375	0.3353
白粉病	0.4032	0.2924	0.3390
健康	0.6185	0.6917	0.6531

续表

类 别	P_1	R_1	F_1 值
叶锈病	0.744	0.6642	0.7018
条锈病	0.7093	0.7238	0.7165
平均	0.5494	0.5619	0.5491
A_1	0.6526		

根据图 5.11（a），随着训练批次的增加，训练集的准确率逐渐达到 90%，而测试集的准确率不到 70%，且变化趋势稳定；图 5.11（b）显示损失值的变化也逐渐趋于稳定，说明模型训练已经收敛。

根据表 5.8 的结果，可以得知试验 1 的最终模型准确率为 65.26%，该模型的准确率较低，表明冻结源模型的迁移学习方式不适用于本节所用数据集。

（2）试验 2 的结果与分析。在试验 2 的训练过程中，模型的准确率和损失值变化的情况如图 5.12 所示。最终模型的评估指标结果见表 5.9。

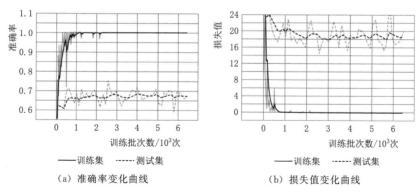

（a）准确率变化曲线　　　　（b）损失值变化曲线

图 5.12　试验 2 最终模型训练过程

表 5.9　　　　　试验 2 最终模型的结果

类 别	P_1	R_1	F_1 值
蚜虫	0.6225	0.5648	0.5922
白粉病	0.3345	0.2689	0.2981
健康	0.8203	0.6192	0.7057
叶锈病	0.6733	0.7780	0.7219
条锈病	0.7519	0.7427	0.7473
平均	0.6405	0.5947	0.6130
A_1	0.6937		

通过观察图 5.12（a），可以发现随着训练批次的增加，训练集的准确率逐渐提高，最终达到 100％；然而，测试集的准确率始终未能达到 70％，并且变化趋势相对稳定。同时，图 5.12（b）中的损失值变化也趋于稳定，表明模型训练已经收敛。

通过表 5.9 可知，试验 2 的最终模型准确率为 69.37％，该结果较低，表明微调源模型的第七层和第八层的迁移学习方法并不适用于本节所建数据集。

（3）试验 3 的结果与分析。在试验 3 的训练过程中，通过模型的准确率和损失函数来判断模型是否稳定和是否收敛。具体的训练过程如图 5.13 所示，而最终模型的评估指标则列在表 5.10 中。

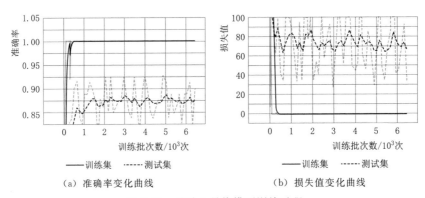

（a）准确率变化曲线　　　　　　（b）损失值变化曲线

图 5.13　试验 3 最终模型训练过程

表 5.10　　　　　　　　　　　　试验 3 最终模型的结果

类　　别	P_1	R_1	F_1 值
蚜虫	0.6667	0.8889	0.7619
白粉病	0.7895	1.0000	0.8824
健康	0.8182	0.9310	0.8710
叶锈病	0.9254	0.8611	0.8921
条锈病	0.9429	0.8684	0.9041
平均	0.8285	0.9099	0.8623
A_1	0.8856		

根据图 5.13（a），可以看出随着训练批次的增多，训练集的准确率逐渐达到 100％，测试集的准确率也约为 88％，且变化区域保持稳定；图 5.13（b）中的损失值变化也趋于平稳，表明模型训练已经收敛。

根据表 5.10 显示，试验 3 最终模型的准确率为 88.56％，相比试验 1

和试验 2 有所提高，但仍未达到生产使用的要求。

（4）试验 4 的结果与分析。试验 4 在训练过程中通过模型的准确率判断模型是否稳定，通过模型损失函数判断模型是否收敛，如图 5.14 所示。最终模型的模型评估指标的结果见表 5.11。

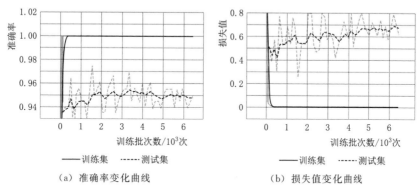

（a）准确率变化曲线　　　　　　　　（b）损失值变化曲线

图 5.14　试验 4 最终模型训练过程

表 5.11　　　　　　　　　　　试验 4 最终模型的结果

类　　别	P_1	R_1	F_1 值
蚜虫	0.8182	1.0000	0.9000
白粉病	0.9333	0.9333	0.9333
健康	0.9032	0.9655	0.9333
叶锈病	0.9855	0.9444	0.9645
条锈病	0.9867	0.9737	0.9801
平均	0.9254	0.9634	0.9423
A_1	0.9602		

在试验 4 的训练过程中，使用数据增强和加入正则化项的方法，以提高模型的泛化能力。通过图 5.14（a）可以看出，随着训练次数的增多，训练集的准确率逐步提高并趋于稳定，在约 40 个批次后达到 100%；测试集的准确率也在逐渐提高，并在约 80 个批次后达到约 94%，且变化区域较稳定。图 5.14（b）中的损失值也逐渐下降并趋于稳定，说明模型训练已饱和。根据表 5.11 中的评估指标可知，试验 4 的最终模型准确率为 96.02%，相比试验 3 的模型准确率有所提高，但仍需进一步优化以满足生产使用需求。

通过表 5.11 可知，试验 4 的最终模型准确率为 96.02%。与试验 1、试验 2 和试验 3 相比，试验 4 的模型准确率有了显著提高。这表明微调全部层的迁移学习方式更适用于本文数据集。

（5）综合对比与分析。将以上 4 组迁移学习试验的测试集准确率进行对比，如图 5.15 所示。

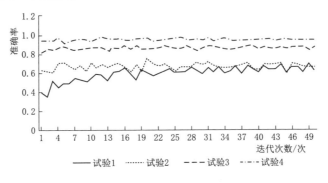

图 5.15　4 组试验测试集准确率对比图

根据图 5.15 的结果，可以发现试验 1 的源模型准确率仅为 65.26％，这表明本节数据集与 ImageNet 数据集的样本特征差异较大；试验 2 和试验 3 冻结部分层的准确率分别为 69.37％和 88.56％，表明随着参与微调的层数增多，模型的识别准确率逐步提高；试验 4 微调全部层的迁移学习方法效果最好，识别准确率达到 96.02％。基于以上研究结果可知，参与微调的层数越多，模型的识别效果越好。

5.4　注意力机制改进的冬小麦病虫害识别

本节使用的数据集包括小麦的营养生长和生殖生长并进阶段以及生殖生长阶段。这些阶段的小麦病虫害样本的颜色和特征差异较大，因此，通道注意力机制可以增强相关特征在模型训练中的作用。此外，病虫害样本的背景较为复杂，会有大量无关因素的干扰，因此空间注意力可以抑制无关位置特征对分类模型的干扰。基于卷积块注意力模块（CBAM），本节提出了非局部卷积块注意力模块（NLCBAM），并将其应用于 VGGNet－16 结构中，分别对网络模型的通道维度和空间维度进行注意力机制的改进。

5.4.1　注意力机制

通过介绍视觉注意力机制，CBAM 赋予各通道和位置不同的权重，通过在通道域上增强相关通道、抑制无关通道，在空间域上筛选有用特征、抑制无用特征，实现对输入数据的精细化处理。将卷积块注意力模块加入网络模型能够有效提高分类检测的性能。CBAM 模块的结构如图 5.16 所示。

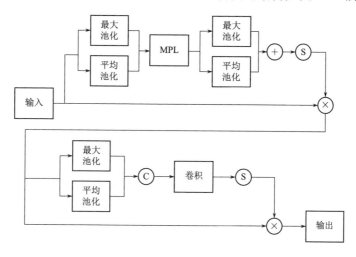

图 5.16　CBAM 模块的结构

CBAM 模块中的空间注意力模块采用了通道维度的压缩，即先对特征图逐位置进行最大池化和平均池化，然后拼接两个池化得到的特征图。接下来，使用 7×7 的卷积核进行卷积操作，最终使用 Sigmoid 函数处理得到空间注意力权重矩阵。然而，由于卷积操作只能考虑局部区域之间的相关性，限制了不同位置之间的相关性。为了突破这一局限性，本节提出了一种非局部注意力机制，即将 CBAM 模块的空间注意力模块改进为 NLC-BAM 模块。NLCBAM 模块的结构如图 5.17 所示，它能够大大增加网络的感力，提高网络模型的分类检测效果。

从图 5.17 可以看出，NLCBAM 模块继承了 CBAM 的通道注意力模块，使用了最大池化和平均池化两种方式，提取了丰富的高层次特征。接着，通过 MPL 网络学习通道之间的相关性，得到各通道的权重。最后，将通道权重与原始特征图逐通道相乘，实现了原始特征图在通道维度上的重标定。

NLCBAM 模块同时继承了 Non‐Local 的空间注意力模块，对于输入特征图的尺寸为 $W \times H \times C$，首先使用 3 组 $C/2$ 个 1×1 卷积对特征图进行降维卷积，分别得到 θ、Φ、g 特征图。经过 reshape 合并维度后，接着将 θ、Φ 进行矩阵点乘操作，得到特征图的自相关特征，对其进行 softmax 操作得到自注意力系数矩阵。然后将得到的自注意力系数矩阵对应乘回特

征矩阵 g 中，最后使用 $1 \times 1 \times C$ 的卷积核进行卷积恢复通道维度，得到 NLCBAM 模块的空间注意力权重。NLCBAM 模块同时采用了 CBAM 的通道注意力模块，使用两种池化方式提取高层次特征，通过 MPL 网络学习通道之间的相关性，得到各通道的权重，最后将通道权重与原始特征图逐通道使用惩罚运算进行加权，实现原始特征图在通道维度上的重标定。

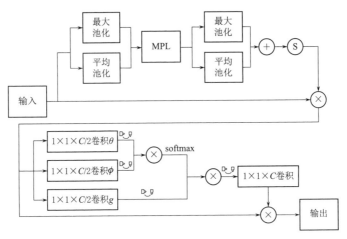

图 5.17　NLCBAM 模块的结构图

5.4.2　基于混合注意力机制改进的 VGGNet - 16 结构

前面介绍了 VGGNet - 16 的网络架构，它将 13 个卷积层划分为 5 个卷积组，分别简记为 convs_1～convs_5。本节在每个卷积组之后添加了混合注意力机制，即 CBAM 模块和改进的 NLCBAM 模块，设计构建了 CBAM - VGGNet - 16 和 NLCBAM - VGGNet - 16 网络模型。在 VGGNet - 16 网络中加入了注意力机制，以进一步提高对冬小麦病虫害的识别准确率。改进前后的 VGGNet - 16 网络结构对比如图 5.18 所示。

根据图 5.18 所示，CBAM - VGGNet - 16 网络模型在每个卷积组之后都加入了 CBAM 模块，而 NLCBAM - VGGNet - 16 网络模型仅在前三个卷积组后加入 CBAM 模块，而在后两个高级卷积层之后加入了 NLCBAM 模块。这是因为空间注意力机制在 NLCBAM 模块中涉及每个像素计算与其他像素的相关值，当输入为大尺寸特征图时，计算量过大可能影响网络的训练，因此 NLCBAM - VGGNet - 16 网络模型仅在高级卷积组之后加入了 NLCBAM 模块。

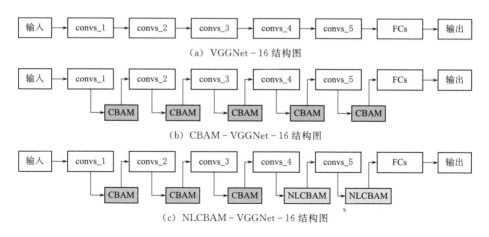

（a）VGGNet-16 结构图

（b）CBAM-VGGNet-16 结构图

（c）NLCBAM-VGGNet-16 结构图

图 5.18　改进前后的 VGGNet-16 网络结构对比图

引入注意力机制会增加网络模型的深度和参数计算量，但 CBAM 模块的通道部分和空间部分计算较轻，NLCBAM 模块的通道部分与 CBAM 相同。虽然 NLCBAM 模块的空间注意力部分计算量较大，但由于本书设计的 NLCBAM-VGGNet-16 结构仅将 NLCBAM 模块用于输入特征图尺寸为 28×28 和 14×14 的高阶卷积计算，因此对网络的训练整体影响不大。

5.4.3　试验结果分析

本节基于前一节使用迁移学习训练得到的网络模型，在加入注意力模块之后，构建了 CBAM-VGGNet-16 和 NLCBAM-VGGNet-16 模型，并通过 5.2 节数据扩充的病虫害数据集对模型开展训练。训练模型采用与表 5.6 中搭建模型相同的超参数设置，即使用 softmax 交叉熵作为损失函数，Adam 优化器进行模型训练，设置 beta_1＝0.9，beta_2＝0.99。采用衰减学习率的方法进行模型训练，初始学习率设置为 0.01，每 10 个迭代衰减 1/2，总共进行 50 次迭代。

在本节中，将使用单病虫害识别准确率（Single Accuracy）和测试集识别准确率（Accuracy）这两个指标对模型进行评估。除此之外，本节将构建 CBAM-VGGNet-16 和 NLCBAM-VGGNet-16 模型，并与文献 [160] 中提出的 A-ResNet50 网络模型和文献 [161] 中提出的 Xception-CEMs 网络模型进行对比试验。所有网络模型都将基于扩充数据进行训练，各模型的最终试验结果将在表 5.12 中呈现。

表 5.12　　　　　　　　　　网络模型试验结果对比

模　　型	Single Accuracy					A_1
	蚜虫	白粉病	健康	叶锈病	条锈病	
A－ResNet50[160]	0.5000	0.6000	0.8000	0.8784	0.9090	0.8398
Xception－CEMs[161]	0.6000	0.6000	0.8333	0.9189	0.9090	0.8640
VGGNet－16	0.9000	0.9333	0.9333	0.9595	0.9740	0.9602
CBAM－VGGNet－16	0.8000	0.9333	0.9667	0.9730	0.9870	0.9660
NLCBAM－VGGNet－16	0.9000	0.9333	0.9667	1.0000	0.9740	0.9757

通过表 5.12 的试验结果可以看出，A－ResNet50 和 Xception－CEMs 网络模型对于本节数据集的测试集识别准确率表现不佳，分别只有 83.98％和 86.40％。相比之下，经过迁移学习微调全部层后的 VGGNet－16 模型表现更好，其识别准确率达到了 96.02％。加入注意力模块的 CBAM－VGGNet－16 相较于基础网络 VGGNet－16，在除白粉病外的其他各类别病虫害的识别准确率均有所提高，表明混合注意力机制能够有效提高整体识别效果；而 NLCBAM－VGGNet－16 相较于 VGGNet－16，不仅测试集识别准确率有所提高，各类别病虫害的识别准确率也均有所提高，平均准确率达到了 97.57％。与 CBAM－VGGNet－16 相比，除条锈病外，其他各类别的识别准确率均有所提高。这说明本节提出的 NLC-BAM 模块将 CBAM 模块的空间注意力替换为 Non－Local 模块的改进，能更好地提取特征图的重要特征并抑制无关特征，提高了注意力机制模块对网络模型识别准确率的提升效果。

5.5　本章小结

为了提高病虫害的识别率，本章通过比较深度学习网络模型的性能，优选了 VGGNet－16 作为病虫害识别的基础模型，采用数据扩充方法对病虫害数据进行扩充，在此基础上，提出基于迁移学习的改进以及引进注意力机制的改进。试验结果表明，通过改进能够有效提高病虫害的识别率。本章的主要工作总结如下。

本节使用规范化冬小麦病虫害图像建立病虫害数据集，构建深度学习模型评估指标和试验环境，选择三个图像分类效果表现优异的卷积神经网络模型 AlexNet、VGGNet－16 和 Inception－V3 开展训练，通过结果比较优选 VGGNet－16 作为冬小麦病虫害识别的基础网络模型。

为了提高蚜虫和白粉病的识别准确率，使用数据扩充方法对样本进行扩充。通过比较数据扩充前后的模型准确率，得出数据扩充方法能够有效提高蚜虫和白粉病的识别准确率，并解决了各类型准确率分布不均的问题。

为了进一步提高病虫害的识别准确率，引入迁移学习技术，设计四组对比试验。通过试验结果发现，本节数据集与 ImageNet 数据集样本的特征差异较大，模型使用微调源迁移学习模型。结果表明，微调层数越多，模型的识别效果越好。微调全部层的迁移学习方法表现最佳，测试集识别准确率达到 96.02%。

为了进一步提高模型的识别准确率，针对冬小麦病虫害样本的颜色和特征差异较大的问题，本研究在迁移学习训练模型的基础上，结合在图像识别领域具有良好应用效果的注意力机制 CBAM 模块，在 VGGNet-16 模型基础上，引入了改进的混合注意力机制 NLCBAM 模块，构建了应用于冬小麦病虫害识别的 CBAM-VGGNet-16 和 NLCBAM-VGGNet-16 模型，并在扩充数据集上进行了训练。试验结果表明，引入注意力机制的 CBAM-VGGNet-16 和 NLCBAM-VGGNet-16 的测试集识别准确率均有所提高，其中 NLCBAM-VGGNet-16 的识别效果最佳，测试集识别准确率达到了 97.57%。这表明 NLCBAM-VGGNet-16 模型具有良好的应用前景。

第6章 基于多模态深度学习的
冬小麦生长过程干旱监测

小麦是最重要的三种谷物之一，全世界约有 70％ 的小麦播种面积分布在干旱、半干旱的农业区[173]。位于我国干旱、半干旱地区的华北平原是我国小麦主产区，同时也是旱灾频发地区之一。干旱胁迫会直接影响小麦的生长和发育，因此水资源是否充足对于小麦产量和品质高低至关重要。干旱对小麦产量和品质的影响取决于干旱程度和持续时间等。已有研究[174-175] 表明，干旱胁迫都会影响小麦健康生长，降低其产量和品质，小麦的减产程度不仅与其受到干旱胁迫的程度有关，也与受到干旱胁迫时所处的生长期有关，特别是在拔节期、孕穗期和灌浆期，因此，实时获取冬小麦生长过程的干旱胁迫监测信息，及时采取高效的灌溉措施，防止干旱的进一步加重，是小麦胁迫防灾减灾及干旱预警的基础，对提高粮食产量具有重要作用[176]。

目前，在全球大部分地区都可以广泛获取农业气象干旱监测信息。所以可以通过气象要素（如降水量、温度、湿度、光照等）来评估农作物的干旱胁迫程度[177]。然而，在农业灌溉区由于灌溉仅改变了土壤水分状况，短时间内无法改变气象监测系统中的空气湿度和温度，使气象干旱信息的应用具有一定的局限性[178]。气象干旱指标虽然能间接反映作物的干旱状态，但未能直接反映作物本身的生理状态和干旱胁迫对作物的影响。为了更好地了解田间作物的干旱状态，常采用土壤水分监测技术间接对作物的干旱状况进行监测[179]。由于地表异质性、大田环境复杂性、水分分布不均，土壤水分干旱监测方法面临着监测覆盖范围小、监测精确度低等问题[180]。

尽管深度学习算法在其他方面取得了不少应用成果，但在农业领域的作物胁迫识别方面研究较少。在干旱胁迫下，小麦会表现出叶片萎蔫、卷曲、发黄等性状，叶片卷曲是小麦干旱胁迫表型中比较典型的特征之一。在小麦生长过程中，不同生育期小麦干旱胁迫的表型特征差异较大，苗期干旱和越冬期干旱胁迫对小麦总体影响不大，而拔节—抽穗期是冬小麦麦根、麦茎、麦叶持续生长和结实器官分化的关键时期，成熟期是决定粒重的关键时期，此时的干旱胁迫对小麦产量的影响较大。因此，本章选取起身—拔节期、抽穗—开花期、开花—成熟期三个关键生育期的冬小麦为研究对象，获取小麦三个关键生育期干旱胁迫图像，建立与土壤水分监测数据相对应的冬小麦干旱图像集，优选 DenseNet-121 模型提取干旱特征；将大田冬小麦干旱胁迫表型特征与气象因素和物联网技术相结合，融合基于 WSN 传感器的气象干旱 SPEI 和深度图像学习数据，构建基于多模态深度学习的大田冬小麦干旱胁迫 S-DNet 模型。

6.1 数据集准备

试验中，冬小麦三个关键生育阶段干旱程度的设置参照《冬小麦灾害田间调查及分级技术规范》（NY/T 2283—2012）[181] 中的要求，将干旱等级划分为适宜、轻旱、中旱、重旱和特旱共五个干旱等级，见表 6.1。由于在大田条件下土壤含水量分布不均且补水较难精确控制，因此，采取前述传感器最优节点部署策略布设土壤含水量传感器，其校准后的精度为 $\pm 1\%$。通过在大田布设土壤水分监测仪器来获得土壤含水量数据，通过布设的监控设备来获取不同干旱等级（适宜、轻旱、中旱、重旱和特旱）下的冬小麦图像，建立冬小麦与土壤水分监测数据相对应的干旱胁迫图像数据集。试验于 2021 年 4 月至 2022 年 6 月在华北水利水电大学农业高效用水实验室（北纬 34°78′39″，东经 113°79′18″）进行，试验共选取冬小麦受干旱胁迫影响较大的三个不同的生育阶段，分别为起身—拔节期、抽穗—开花期和开花—成熟期。通过对土壤含水量传感器的实时监测，采集冬小麦在三个关键生育阶段不同干旱程度下的样本图像，并对其进行标注和筛选后，最终用于模型训练的图像共 12500 张（见表 6.2），冬小麦干旱图像采集时间见表 6.3，部分冬小麦图像样本如图 6.1 所示。冬小麦干旱表型与降雨量、空气温湿度等因素密切相关。干旱胁迫是一个连续且动态的过程，随着环境的变化冬小麦干旱胁迫下的表型特征也会发生变化，如发生叶片卷曲、下垂、发黄等现象。

表 6.1   **冬小麦不同生育阶段的干旱等级标准**

干旱程度	起身—拔节期	抽穗—开花期	开花—成熟期
适宜	＞65％FC	＞70％FC	＞70％FC
轻旱	［60％FC，65％FC）	［65％FC，70％FC）	［65％FC，70％FC）

续表

干旱程度	起身—拔节期	抽穗—开花期	开花—成熟期
中旱	[55%FC，60%FC)	[60%FC，65%FC)	[60%FC，65%FC)
重旱	[45%FC，55%FC)	[55%FC，60%FC)	[55%FC≤，60%FC)
特旱	<45%FC	<55%FC	<55%FC

注　FC为田间持水量（Field Capacity）。

表 6.2　　　　　不同干旱等级下冬小麦各生育阶段的图像数量

生育阶段	适宜	轻旱	中旱	重旱	特旱	总数量
起身—拔节期	950	900	880	820	650	4200
抽穗—开花期	900	840	840	845	775	4200
开花—成熟期	1220	920	850	720	480	4100

表 6.3　　　　　　　　冬小麦干旱图像采集时间

年份	起身—拔节（月.日）	抽穗—开花（月.日）	开花—成熟（月.日）
2021	04.03—04.23	04.24—05.02	05.03—05.23
2022	03.29—04.16	04.17—04.30	05.01—05.19

（a）适宜

（b）轻旱

（c）中旱

（d）重旱

（e）特旱

图 6.1　部分冬小麦图像样本

　　在大田试验研究区域部署传感器及小型气象站开展农业气象数据的采集，使用监控设备采集冬小麦干旱胁迫图像数据。通过温度传感器、空气

湿度传感器、土壤湿度传感器、土壤微量元素传感器、光照传感器、pH
值传感器、降雨量传感器、风速风向传感器、地面净辐射仪等收集气象数
据；通过测量土壤 pH 值、土壤湿度、土壤热通量等收集土壤信息；通过
监控设备获取冬小麦表型信息，见表 6.4。

表 6.4　通过 WSN 采集的不同干旱等级下的农业气象非影像数据

农业气象指标	适宜	轻旱	中旱	重旱	特旱
温度 * /℃	25.4	27.5	32.8	37.0	42.2
相对湿度 * /%	62	54	45	33	25
土壤温度 * /℃	20.2	22.4	26.1	30.4	34.1
土壤 pH 值 *	6.5	6.2	5.8	5.3	4.7
土壤湿度 #	湿润	湿润	适中	干燥	干燥
阳光强度 #	弱	适中	适中	强	强

注　＊表示指标数据为平均值；＃表示指标数据为多数值。

6.2　基于气象因素的小麦干旱胁迫

6.2.1　气象干旱概述

一般而言，气象干旱是干旱发生的第一步。为了研究和监测干旱及其
变化，利用比较易获取的作物周围环境的气温、湿度、降水量等信息建立
干旱指数来准确、定量地描述旱情。气象干旱主要是由于长期缺乏降水导
致的，在自然环境状态下，持续的气象干旱将引起土壤含水量和径流量下
降，若降雨或灌溉水补给不及时或不足，则会导致水文干旱的发生。但干
旱难以用技术手段直接监测，通常需要构建不同类型的干旱指数来评价区
域干旱状况。在气象干旱的监测和分析中应用最为广泛的是标准化降水指
数（SPI）[182] 和帕默尔干旱指数（PDSI）[183]。SPI 以降水数据作为输入，
计算简单且具有多时间尺度特征，能够描述不同类型的干旱。其不足之处
是仅考虑了降水亏缺对干旱的影响。PDSI 是帕默尔提出的干旱指数，其
主要优点是考虑了周围持续温度对干旱的影响，适用于全球变暖背景下的
干旱研究。其不足之处是：所使用的权重因子在全球不同地区缺乏空间可
比性，并且对数据的要求较高，需要温度、气温、土壤持水量等输入信
息；此外，PDSI 的时间尺度是固定的，且计算较为复杂，不适用于短期
干旱的研究。

标准化降水蒸散指数（SPEI）是由 Vincente - Serrano 等[184] 提出的，

它充分发挥了 PDSI 和 SPI 各自的优点,综合了降水和气温对蒸散发的影响。通过计算与长期气候平均值相比的降水和蒸散发的标准化值,使得 SPEI 能够更准确地评估干旱和湿润条件,并成为干旱研究和水资源管理的重要工具。

在我国的一些地区,SPEI 已被应用于一些气象干旱研究中。张玉静等[185] 利用华北冬麦区 45 个气象站 1961—2010 年的逐月气温和降水数据,选取 SPEI 对区域的干旱情况进行分析,结果表明,华北地区的干旱化趋势在气候变化条件下不断加剧,不同区域的增温率和干旱化趋势存在差异,且北部地区的干旱化趋势不断加剧而南部地区的有所缓解;曹永强等[186] 利用 1967—2018 年辽宁省 33 个国家级气象站的逐日观测数据,计算玉米不同生育期的 SPEI,并综合分析干旱时空变化情况;赵玉兵等[187] 利用河北省南部 8 个气象站点 1962—2020 年的逐月气温和降水量数据,采用 SPEI 并结合回归分析和 Mann - Kendall 检验等方法,对河北省南部棉花生长季的干旱变化特征进行分析;闫彩等[188] 利用陕西省 1971—2020 年 32 个气象站的实测气象资料,采用旋转正交经验函数法、趋势分析法和小波分析法计算了不同时间尺度下的玉米生育期标准化降水蒸散指数(SPEI),并结合陕西省 9 个地区 1990—2020 年的玉米单产数据,利用高通滤波器(HP)分离出了玉米气象产量,采用交叉小波分析法和线性回归法分析了干旱对玉米产量的影响;刘业伟等[189] 利用江西省 36 个气象站 1960—2018 年的监测数据,采用 SPEI 和 Mann - Kendall 趋势检验法,分析了江西省的干旱变化特征以及 SPEI 与作物受灾面积之间的相关性。当前干旱的研究大多采用单一的干旱指标,但干旱形成机理复杂,影响因素众多,仅单项指标难以客观全面地反映干旱事件的实际状况。因此,需要综合土壤水分、大气等多方面的因素,尤其是作物发育指标,应运用多源传感器来获取作物的表型信息(作物颜色、纹理和形态)及生理特征参数,并结合模式识别方法对作物干旱胁迫进行快速、无损、精确的诊断和监测[190]。

6.2.2　SPEI 介绍

SPEI 是一种基于概率模型的干旱指数,是在 SPI 的基础上引入潜在蒸散发项来构建的。其计算步骤如下:

第一步:采用经联合国粮农组织修正后的彭曼(Penman - Monteith)公式[191] 计算作物蒸腾量。其具体计算公式如下:

$$ET_0 = \frac{0.408\Delta(R_n - G) + \gamma \dfrac{900}{T+273} u_2(e_s - e_a)}{\Delta + \gamma(1 + 0.34u_2)} \tag{6.1}$$

式中：ET_0 为作物蒸散发量，mm；R_n 为地面净辐射，MJ/(m^2·d)；G 为土壤热通量，MJ/(m^2·d)；γ 为温度计常数，kPa/℃；T 为日平均温度，℃；u_2 为 2m 高处的风速，m/s；e_s 为饱和水汽压，kPa；e_a 为实际水汽压，kPa；Δ 为水汽压曲线的斜率，kPa/℃。

第二步：计算逐日降水量与潜在蒸散发量的差值 D_i，计算公式为

$$D_i = P_i - PET_i \tag{6.2}$$

式中：P_i 为降水量，mm；PET_i 为第 i 天的潜在蒸散发量，mm。

第三步：建立不同时间尺度下的水分盈/亏累积序列，即

$$D_n^k = \sum_{i=0}^{k-1}(P_{n-i} - PET_{n-i}), n \geqslant k \tag{6.3}$$

式中：k 为时间尺度，d；n 为总时日。

第四步：对 D_n^k 数据序列进行正态化处理，正态化后的数值即为 SPEI 数值。Vincente-Serrano 比较了 Log-logistic、Pearson、Log-normal 和广义极值等对 D_n^k 序列的拟合效果，结果表明 Log-logistic 分布对 D_n^k 序列的拟合效果最好，拟合参数的估计方法采用线性矩法。

采用三参数的 Log-logistic 概率分布对 D_i 数据序列进行正态化处理，计算每个数值对应的 SPEI：

$$F(x) = \left[1 + \left(\frac{\alpha}{x - \gamma}\right)^\beta\right]^{-1} \tag{6.4}$$

$$\alpha = \frac{(\omega_0 - 2\omega_i)\beta}{\Gamma(1 + 1/\beta)\Gamma(1 - 1/\beta)} \tag{6.5}$$

$$\beta = \frac{2\omega_1 - \omega_0}{6\omega_1 - \omega_0 - 6\omega_2} \tag{6.6}$$

$$\gamma = \omega_0 - \alpha\Gamma(1 + 1/\beta)\Gamma(1 - 1/\beta) \tag{6.7}$$

$$\omega_s = \frac{1}{N}\sum_{i=1}^{N}(1 - F_i)^s D_i \tag{6.8}$$

$$F_i = \frac{i - 0.35}{N} \tag{6.9}$$

式中：$F(x)$ 为概率密度函数；x 为概率密度函数的自变量；α、β、γ 分别为尺度、形状和起始参数；Γ 为阶乘函数；ω_s 为数据序列 D_i 的概率加权矩；s 为概率加权矩的序数，$s = 0$、1、2；N 为参与计算的时间个数。

第五步：对降水量与蒸散量差值 D_i 概率分布函数 $F(x)$ 进行标准化处理。令 $P = 1 - F(x)$ 。

当累计概率 $P \leqslant 0.5$ 时，$\omega = \sqrt{-2\ln(P)}$ ，则 SPEI 的计算公式为

$$\mathrm{SPEI} = \omega - \frac{c_0 + c_1 + c_2\omega^2}{1 + d_1\omega + d_2\omega^2 + d_3\omega^3} \tag{6.10}$$

当累计概率 $P > 0.5$ 时，$\omega = \sqrt{-2\ln(1-P)}$ ，则 SPEI 的计算公式为

$$\mathrm{SPEI} = -\left(\omega - \frac{c_0 + c_1 + c_2\omega^2}{1 + d_1\omega + d_2\omega^2 + d_3\omega^3}\right) \tag{6.11}$$

式中：$c_0 = 2.515\,517$，$c_1 = 0.802\,853$，$c_2\,0.010\,328$，$d_1 = 1.432\,788$，$d_2 = 0.189\,269$，$d_3 = 0.001\,308$。

基于 SPEI 的干旱等级划分见表 6.5。

表 6.5　　　　　　　　　　　SPEI 干旱等级分类

干旱等级	适宜	轻旱	中旱	重旱	特旱
SPEI 数值	$(-0.5, 0.5]$	$(-1, -0.5]$	$(-1.5, -1]$	$(-2, -1.5]$	$(-\infty, -2]$

6.3　深度学习模型的选择及训练方法

近年来，深度学习作为一种强大的机器学习方法，已被证明是一种优于以往图像识别技术的方法[193-194]。研究表明，深度学习模型是一种端对端的训练，模型类似于一个黑箱，将图像输入模型后可直接输出图像分类结果，具有识别精度高、应用范围广等优点[195-196]。深度学习模型的主要优点是能够自动地从原始数据中提取特征，这些特征可以组合形成更高层次的特征[197]。该模型已在图像识别、语音识别和自然语言处理等领域取得了令人瞩目的成果。此外，深度学习技术在植物器官分类、病虫害识别、果实识别和计数、植物识别、土壤覆盖分类、杂草识别、行为识别和分类、植物养分含量估计、植物叶片和种子表型分析等农业领域也得到了广泛应用[198]。Yu 等[199] 引入 Mask R - CNN 目标检测模型，结合 ResNet - 50 主干网络与特征金字塔网络框架进行特征提取，为每个特征图创建区域候选网络，测试结果表明平均检测准确率为 95.78%。Waheed 等[200] 提出一种优化密集的 DenseNet 网络模型，用于玉米生长过程中的叶片病害识别，大幅减少了计算时间，且准确率高达 98.06%。He 等[201] 构建了基于改进 YOLO - v4 网络的模型，采用预测框回归方法使麦穗的识别精确度达到 77.68%。岳焕然等[202] 以玉米图像的颜色和纹理等为特征，

采集玉米不同干旱胁迫下的图像，通过构建的多个 BP 神经网络实现对玉米生长过程三个阶段的干旱识别，识别准确率达到 84% 以上。安江勇等[203] 采集了玉米植株在不同干旱胁迫处理下的图像，使用 Mask R - CNN 目标检测模型对玉米卷曲叶片进行了检测和分割，卷曲叶片平均识别精度为 74.35%，从而实现盆栽玉米的干旱程度检测。郝王丽等[204] 使用 Faster R - CNN、YOLO - v2 和 YOLO - v3 网络分别利用小麦图像数据集训练了小麦识别模型，识别精度达到 93%。

本节选用深度学习模型 AlexNet、ResNet - 101、DenseNet - 121 作为基础网络模型，选择的这三种模型都是在 ImageNet 图像数据集上识别精度较高、训练参数较少的深度学习模型。

6.3.1 深度学习模型介绍

AlexNet 是由 Hinton 在 2012 年提出[205] 的一种深度卷积神经网络，在 2012 年的 ImageNet 图像识别大赛中大获全胜。AlexNet 的网络结构（见图 6.2）包括卷积层、池化层、全连接层和输出层。该模型由五个卷积层、一个池化层、三个全连接层和一个输出层组成，每个卷积层和全连接层都经过了 ReLU 激活函数的处理。在前两个全连接层后，模型使用 LRN 来加速收敛并增强模型的泛化能力。卷积层用于提取图像的特征，池化层用于降低特征图的尺寸，全连接层用于将特征映射到类别上，输出层用于输出最终的分类结果。AlexNet 是第一个在大规模视觉识别任务上成功应用深度学习的模型，被认为是深度学习在计算机视觉领域的里程碑之一。AlexNet 采用了多层卷积和 ReLU 激活函数，使得模型能够从原始图像中学习到更高级别的特征表示。它的出色表现证明了深度学习技术在计算机视觉领域的巨大潜力，并为后来更深层次、更复杂的卷积神经网络的发展奠定了基础。AlexNet 的网络结构设计合理，通过多层卷积和池化操作，能够有效地提取图像的高级特征，从而实现准确的图像分类。

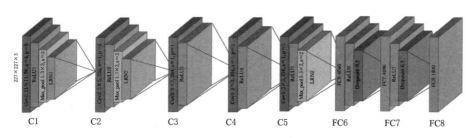

图 6.2 AlexNet 网络结构图

ResNet（Residual Network）卷积神经网络模型是由 He 等[206] 在 2015 年提出的，在 2015 年的 ImageNet 图像识别大赛中获得了冠军，其错误率仅为 3.57%。ResNet 的主要特点是采用了残差学习的思想，即通过引入"残差块"（Residual Block）来解决梯度消失和模型退化的问题[207]，使网络可以训练更多层数来提高模型效果。模型中残差块的输入通过一个跨层的连接直接传递给输出，一定程度上保护了信息的完整性。ResNet 是一种基于深度残差网络结构的模型，卷积层的深度可以达到几百层，其中 ResNet-50、ResNet-101、ResNet-152 是比较经典的模型。ResNet-50 是 50 层的残差网络，包含 49 个卷积层和 1 个全连接层。ResNet-101 是 101 层的残差网络，包含 100 个卷积层和 1 个全连接层。ResNet-101 是在 ResNet-50 的基础上进一步扩展和优化而来的模型，具有更深的层级和更强的表达能力，适用于复杂的视觉识别任务。其设计中的残差学习思想为深度神经网络的发展提供了新的思路和方法。卷积层层数越多，模型越复杂。图 6.3 展示了 ResNet 网络结构，其中 Conv 表示卷积操作，BatchNorm 表示批正则化处理，ReLU 表示激活函数，Max pooling 和 Average pooling 是两种池化操作，第二至第五阶段则代表不同的残差块。此外，ResNet 通过残差模块（结构如图 6.4 所示）引入了残差学习的思想。在传统的网络结构中，输入 x 经过网络层后输出为 $F(x)$；而 ResNet-101 是将 $F(x)$ 与输入 x 进行相加，即 $F(x)+x$，然后再经过激活函数得到最终的输出。这种设计不会增加整体的参数量和复杂度，并且能够保留输入信息，使信息更加完整。

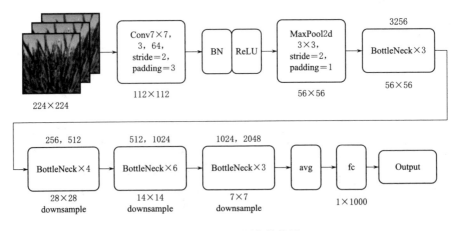

图 6.3　ResNet 网络结构图

DenseNet-121[208] 是由高建瓴于
2017 年提出的一种新型深度卷积神经
网络，它是 DenseNet 系列网络中的一
种，DenseNet 网络结构如图 6.5 所示。
DenseNet-121 共包含 121 层，该网络
采用了一种全新的结构，使网络既简洁
又高效，在 CIFAR 指标上展现出优于
残差网络（ResNet）的性能。可以说
DenseNet 吸收了 ResNet 最为精华的部

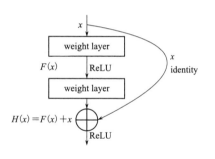

图 6.4　残差模块

分，并且在其基础上进行了更多的创新工作，进一步提升了网络性能[209]。
DenseNet-121 在 ImageNet 图像分类任务上具有优异的性能，成为计算机
视觉领域中的一个重要模型。DenseNet-121 的主要特点是密集连接
（Dense Connection）。在传统的卷积神经网络中，每一层的输入都只来自
前一层的输出；而在 DenseNet-121 中，每一层的输入不仅包括前一层的
输出，还包括前面所有层的输出，即密集连接。这种连接方式使模型的特
征传递更加充分，有效地解决了梯度消失问题，提高了模型的训练效率和
泛化能力。

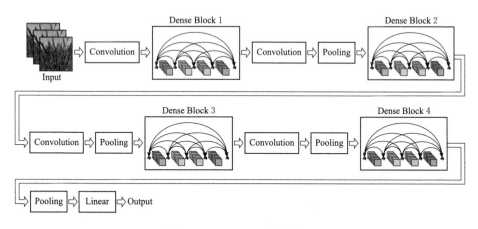

图 6.5　DenseNet 网络结构图

SENet（Squeeze and Excitation Networks）主要贡献是提出了一个注
意力机制（Squeeze and Excitation，SE）模块[210]，其结构如图 6.6 所示。
该模块是胡杰团队提出的新的网络结构。基于该模块，SENet 一举取得
2017 年的 ImageNet 图像识别大赛的冠军，在 ImageNet 标准数据集上将

错误率降低到 2.25%。SE 模块是一种用于增强 CNN 性能的注意力机制模块，它通过学习通道之间的关系，自适应地调整每个通道的重要性，从而提高了特征的表达能力。SENet 的核心思想是通过两个关键步骤压缩（squeeze）和激励（excitation）来建立通道之间的相互依赖关系。在压缩阶段，SENet 通过全局平均池化操作将每个通道的特征图压缩为一个标量。该标量表示了该通道的全局统计信息，即该通道对于整个特征图的重要性。在激励阶段，SENet 使用一个小型的全连接神经网络，通过学习权重来获取每个通道的激励权重。这些激励权重被用来重新加权每个通道的特征图，以增强重要通道的表达能力。

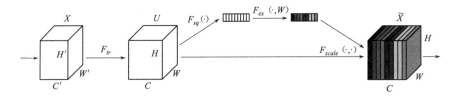

图 6.6　注意力机制模块结构

SENet 在运用时分为两步，首先是 squeeze，然后是 excitation。squeeze 是压缩每个通道的特征作为该通道的 descriptor，采用的方法是均值池化，对通道里面的特征求均值：

$$z_c = F_{sq}(u_c) = \frac{1}{H \times W} \sum_{i=1}^{H} \sum_{j=1}^{W} u_c(i,j) \tag{6.12}$$

excitation 操作是捕捉通道之间关系：

$$s = F_{ex}(z, W) = \sigma[g(z, W)] = \sigma[W_2 \delta(W_{1z})] \tag{6.13}$$

使用 gate 网络，通过两层神经网络学习每个通道的权重，激活函数依次选为 ReLU 和 Sigmoid。$W_1 = R^{\frac{C}{r} \times C}$ 有维度递减的作用，将 C 维的特征进行压缩，充分捕捉通道之间的关系。$W_2 = R^{C \times \frac{C}{r}}$ 还原维度。gate 网络输出 s 是 C 维的向量，每个值是对应的通道的权重。输入的特征最后会乘上对应的权重，无用的特征会被趋近于 0：

$$\tilde{X}_c = Fscale(u_c, s_c) = s_c u_c \tag{6.14}$$

通过引入 SE 模块，SENet 能够自适应地学习每个通道的重要性，并将更多的注意力集中在有意义的特征上，从而提高 CNN 模型的表达能力。SENet 可以轻松地集成到现有的 CNN 架构中，使其在图像分类、目标检测和语义分割任务中取得显著的性能提升。

6.3.2 模型试验环境和评估指标

6.3.2.1 试验环境

试验使用的计算机配置情况见表 6.6。

表 6.6　　　　　　　　试验使用的计算机配置情况

计算机型号	CPU	内　　存	硬盘容量	操作系统	深度学习框架
联想 R9000P	AMD Ryzen 7 5800H@3.20GHz	16GB	2TB	Windows 11	PyTorch
计算机型号	编程语言	编辑器	图像处理库	环境管理软件	
联想 R9000P	Python 3.9	PyCharm	cv2 和 PIL	Anaconda3	

6.3.2.2 模型评估指标

在模型训练过程中,优化器、学习率等超参数的取值通常需要通过不断调整来确定。筛选卷积神经网络模型时,在多组超参数中选择表现最佳的一组,其对应的模型作为最终选择模型。这样做可以确保模型在性能和效率方面都达到最优。

本研究采用多项指标对冬小麦干旱胁迫识别和分级模型进行评估,包括准确率(A_1)、查准率(P_1)、召回率(R_1)以及综合评价指标 F_1 值。准确率 A_1 用于评估干旱识别的准确程度,精确率 P_1 用于评估干旱识别的分类结果,F_1 值是查准率和召回率的调和平均数,用来评估模型对小麦干旱图像的识别精度,综合了两者的优劣。

(1)准确率(A_1),表示分类器分类正确的样本数占总样本数的比例,其计算公式为

$$A_1 = \frac{TP + TN}{TP + TN + FP + FN} \tag{6.15}$$

(2)查准率(P_1),表示每个类别中被预测为正样本的样本中实际为正样本的比例,其计算公式为

$$P_1 = \frac{TP}{TP + FP} \tag{6.16}$$

(3)召回率(R_1),表示每个类别中的正样本被预测为正样本的比例,计算公式为

$$R_1 = \frac{TP}{TP + FN} \tag{6.17}$$

（4）F_1 值是一个综合评估指标，它是查准率和召回率的调和平均值。F_1 值越高，表示分类器的性能越好，F_1 值的计算公式为

$$F_1 = \frac{2P_1 R_1}{P_1 + R_1} \tag{6.18}$$

以上式中，TP 表示被模型预测为正类的正样本数量；TN 表示被模型预测为负类的负样本数量；FP 表示实际为正样本被预测为负样本的数量；FN 表示实际为负样本被预测为正样本的数量。

6.3.3　深度学习模型的训练方法

卷积神经网络需要通过大量的训练来寻求最优的超参数，以不同的超参数为变量，进行多组对照试验。试验设计思路如下：使用 ResNet-101、DenseNet-121 和 AlexNet 三种卷积神经网络构建冬小麦干旱胁迫分类识别模型，采取从头训练的方式对模型进行训练。在训练过程中，将所有的数据分成训练集和测试集，随机按 8∶2 分配，其中，80% 的样本用于模型训练，20% 的样本用于模型测试。模型训练时，设置学习率的衰减方式为固定（Fixed），学习率为 0.001，优化器为随机梯度下降（SGD），批次为 100。首先，通过对比模型的损失函数判断模型是否收敛，同时通过综合比较模型的识别准确率和 F_1 值等指标，筛选出在本数据集上泛化能力最好的基础网络模型。其次，在筛选出基础网络模型后，以训练方式、学习率和注意力机制为变量，共进行 8 组组合试验，综合比较模型的识别准确率和 F_1 值指标，寻求最适宜的卷积神经网络模型和相应的超参数。

6.4　试验结果

6.4.1　深度学习基础模型的选择

本节采用 ResNet-101、DenseNet-121 和 AlexNet 三种卷积神经网络分别构建冬小麦干旱胁迫分类识别模型，并通过准确率及 F_1 值判别模型的泛化能力，通过损失函数验证模型的收敛性，从而挑选出在本数据集上泛化能力最好的网络模型作为基础模型。三种深度学习模型的评估指标的试验结果见表 6.7。图 6.7 展示了 ResNet-101、DenseNet-121 和 AlexNet 三种卷积神经网络在测试集上的损失值、准确率和 F_1 值。

表 6.7　　基于测试集的 3 种模型的基础试验结果

评估指标	ResNet-101	DenseNet-121	AlexNet
准确率/%	74.80	87.60	55.83
查准率/%	79.10	88.36	63.38
召回率/%	74.79	87.59	55.83
F_1 值	0.7173	0.8729	0.5326

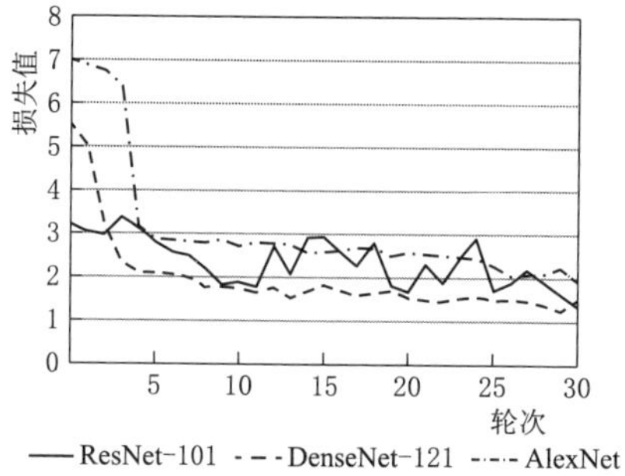

(a) 损失值

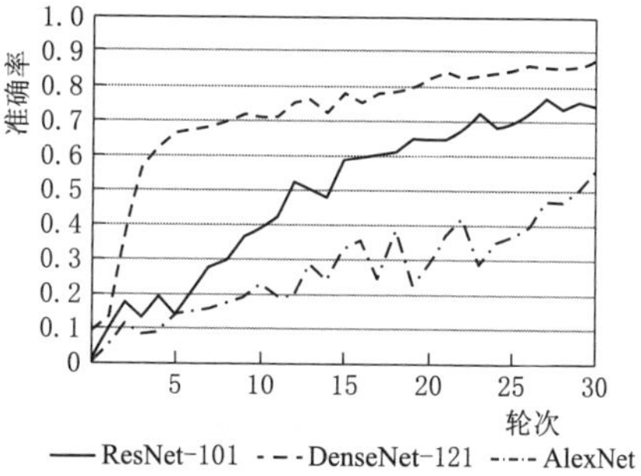

(b) 准确率

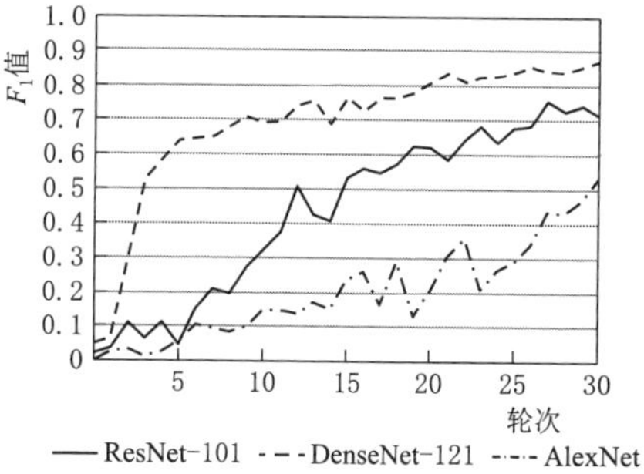

(c) F_1 值

图 6.7　不同深度学习模型在测试集上的损失值、准确率、F_1 值

由表 6.7 可以看出：从准确率来看，DenseNet-121 模型的精度最高，在测试集上的准确率为 87.60%，其次 ResNet-101 和 AlexNet 模型的准确率分别为 74.80%和 55.83%；从模型损失函数和 F_1 值来看，DenseNet-121 模型的收敛速度快于 ResNet-101 和 AlexNet 模型，且 ResNet-101 模型出现了过拟合现象；DenseNet-121 模型的 F_1 值为 0.8729，高于 ResNet-101 与 AlexNet 模型的 0.7173 和 0.5326。综合对比，选择 DenseNet-121 模型为试验的基础网络模型。

6.4.2　模型训练和优化策略

本节以 DenseNet-121 模型为基础网络模型，以卷积神经网络模型的训练方式、学习率的变化情况和注意力机制的添加与否为变量，共开展八组组合试验，对训练结果进行统计，结果见表6.8。

表6.8　　　　　　　　　DenseNet-121模型训练结果

参数	迁移学习	渐变学习率	注意力机制	准确率/%	损失值	F_1值
试验1	×	×	×	75.87	2.3360	0.7581
试验2	×	×	√	79.87	2.2569	0.7894
试验3	×	√	×	82.33	0.9301	0.8110
试验4	×	√	√	87.00	0.8766	0.8536
试验5	√	×	×	90.27	0.7059	0.9015
试验6	√	×	√	91.20	0.9521	0.9087
试验7	√	√	×	93.87	0.9274	0.9383
试验8	√	√	√	94.67	0.8794	0.9438

6.4.2.1　迁移学习对模型的影响

为探究迁移学习对模型训练的影响，在控制学习率和注意力机制相同的条件下，设计了若干组对照试验，分别是试验1、2、3、4与试验5、6、7、8。其中，试验1和试验5、试验4和试验8的对照结果如图6.8所示。从图6.8中可以看出，试验1和试验5的准确率分别为75.87%和90.27%，F_1值分别为0.7581和0.9015，试验4和试验8的准确率分别为87.00%和94.67%，F_1值分别为0.8536和0.9438。采用迁移学习技术的模型准确率和F_1值均有所提高。可以得出：①微调训练所有层的方法表现出更好的性能；②相较于微调训练最后一层，采用微调训练所有层的模型识别准确率得到显著提升。这说明本书数据集的样本特征与ImageNet数据集的样本特征存在较大差异，同时采用微调训练所有层的方法能够综合特征学习、共享知识和提供更大的网络容量，能够应对本书样本特征与ImageNet数据集样本特征的差异，从而更好地适应目标任务的要求。相比之下，仅微调训练最后一层的方法无法充分利用先前学到的特征和知识，无法捕捉目标任务中更复杂的模式和关系。

6.4.2.2　渐变学习率对模型的影响

为探究学习率的变化对模型训练结果的影响，在控制迁移学习方法和注意力机制相同的条件下，设计了若干组对照试验，分别是试验1、2、5、6与试验3、4、7、8。试验1和试验3、试验6和试验8的对比结果如图6.9所示。从图6.9中可以看出，试验1和试验3的准确率分别为75.87%和82.33%，F_1值分别为0.7581和0.8110，试验6和试验8的准确率分

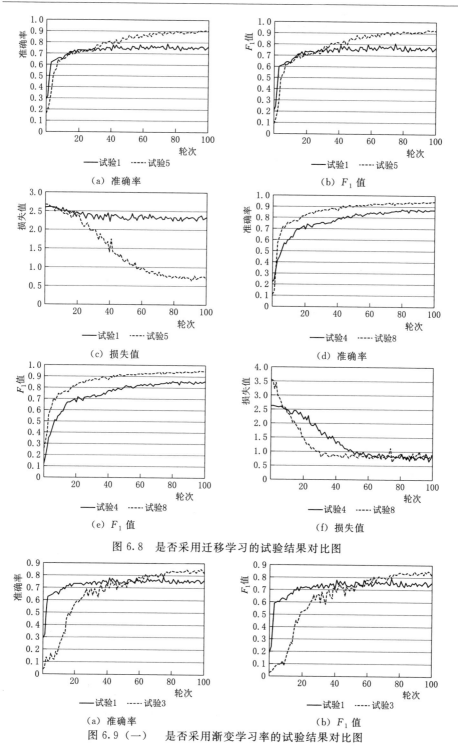

（a）准确率

（b）F_1 值

（c）损失值

（d）准确率

（e）F_1 值

（f）损失值

图 6.8　是否采用迁移学习的试验结果对比图

（a）准确率

（b）F_1 值

图 6.9（一）　是否采用渐变学习率的试验结果对比图

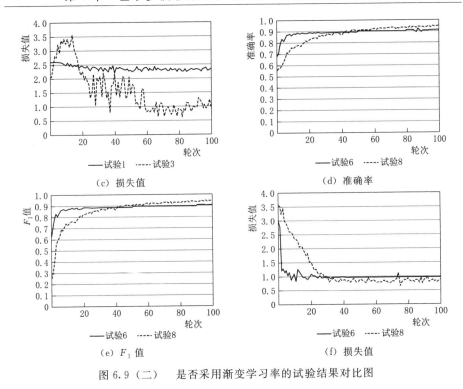

图 6.9（二）　是否采用渐变学习率的试验结果对比图

别为 91.20％和 94.67％，F_1 值分别为 0.9087 和 0.9438。使用渐变学习率后模型的准确率和 F_1 值均有所提高。可以得出：

（1）采用渐变学习率方法的模型其识别准确率略高于不变学习率的，在试验 1 和试验 3 中，平均识别准确率提高明显。这说明采用渐变学习率方法能够有效地管理和调整模型在训练过程中的学习速率，允许模型在初始化阶段使用较大的学习率，以便更快地收敛，而在后续阶段逐渐减小学习率，使模型能够更细致地调整参数，从而提高泛化性能。相比之下，固定学习率方法的模型可能在训练初期或后期出现过拟合或欠拟合的情况，导致综合表现不佳。

（2）采用渐变学习率方法可以更好地平衡模型在不同训练阶段的学习速率。在深度学习模型中，不同层的学习率对模型性能的影响可能不同，采用渐变学习率方法可以根据具体任务和网络结构调整不同层的学习率，使模型能够更有效地学习和更新各个层的参数，提高模型的表达能力，而固定学习率方法的模型可能无法充分利用网络结构的层级特性，从而影响识别准确率。在本节中，初始学习率设定为 0.001，每经过 10 个 epoch，学习率降低为原来的 1/2。

6.4.2.3 注意力机制对模型的影响

为探究注意力机制对模型训练结果的影响，在控制迁移学习方法和学习率相同的条件下，设计了若干组对照试验，分别是试验 1、3、5、7 与试验 2、4、6、8。试验 1 和试验 2、试验 5 和试验 6 的对照结果如图 6.10 所示。从图 6.10 中可以看出，试验 1 和试验 2 的准确率分别为 75.87% 和 79.87%，F_1 值分别为 0.7581 和 0.7894，试验 5 和试验 6 的准确率分别为 90.27% 和 91.20%，F_1 值分别为 0.9015 和 0.9087。引入注意力机制后模型的准确率和 F_1 值均有所提高。可以得出：

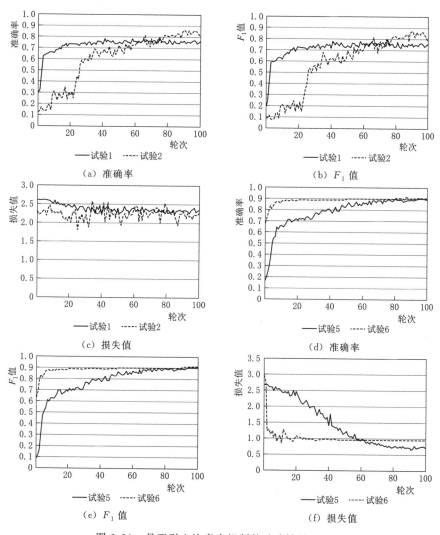

图 6.10 是否引入注意力机制的试验结果对比图

（1）引入注意力机制模块能够对冬小麦重要性加权来增强模型对其特征的关注，提高学习模型对不同特征的重要性的感知能力。在深度学习模型中，特征表示的质量和重要性对任务的性能具有重要影响。通过引入注意力机制，模型能够动态地调整特征的权重和贡献度，使模型更关注关键信息，提高特征表达的效果。相比之下，未引入注意力机制的模型可能无法准确地区分不同特征的重要性，导致性能不足。

（2）引入注意力机制方法能够提高模型对于不同时间步长或空间位置的重要性的感知能力。在深度学习模型中，序列问题或在具有时空结构的任务中，不同时间步长或空间位置的信息具有不同的重要性。通过采用注意力机制，模型可以动态地调整不同时间步长或空间位置的重要性权重，从而更好地捕捉序列或时空模式的特征。与未使用注意力机制的模型相比，引入注意力机制的模型能够更好地利用时序或空间信息，提高深度学习模型性能。

6.4.3　试验结果分析

混淆矩阵[211] 是用于评估模型的因素之一，它是矩阵形式的热图，其中行代表真实类别标签，列代表预测结果。通过计算得出试验 1、试验 4、试验 8 结果的混淆矩阵，如图 6.11 所示。分析图 6.11 可知：

（1）在冬小麦的三个不同生长生育期中存在某些生育期被错误地识别为其他生育期的现象。如起身—拔节期有时被错误地识别为抽穗—开花期，这是因为冬小麦的生长是一个持续的过程，在起身—拔节期向抽穗—开花期生长时，冬小麦的茎秆、叶片等部位的形状、纹理特征相较于抽穗—开花期并未发生明显的变化。

（2）同一生长周期中相邻状态的干旱程度也易发生混淆。如适宜状态可能被错误地判定为轻旱，轻旱可能被错误地判定为适宜或中旱，中旱可能被错误地判定为轻旱或重旱，重旱可能被错误地判定为特旱。究其原因，由于干旱胁迫是一个持续积累且动态变化的过程，相邻干旱程度下的小麦植株表型差异不大，界限不明显。

（3）随着模型的不断改进，误判问题得到缓解，尤其是从试验 8 混淆矩阵的结果可以看出，误判的范围仅缩小在起身—拔节期，这是因为该阶段下，冬小麦在干旱胁迫下的生理和形态表型特征差异较小，容易产生误判。

因此，本节通过迁移学习和渐变学习率改进、引入注意力机制，能够提高模型的冬小麦干旱识别准确率，从而提高了对冬小麦生长过程中干旱胁迫的判定能力。

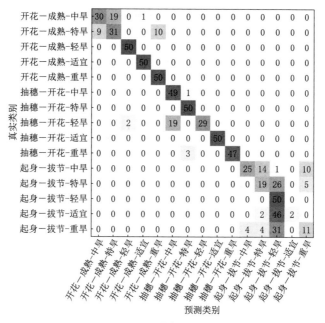

（a）试验 1

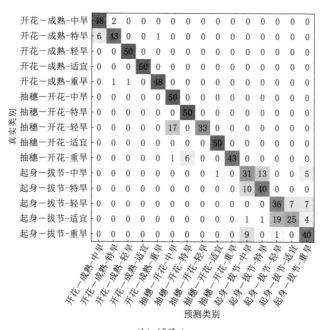

（b）试验 4

图 6.11（一） 不同试验结果的混淆矩阵

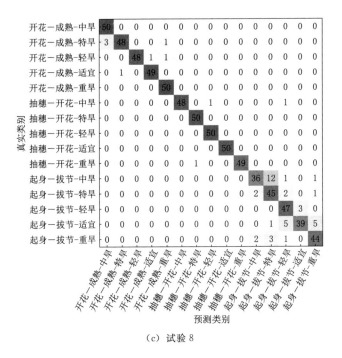

（c）试验8

图6.11（二）　不同试验结果的混淆矩阵

　　本节探究了迁移学习方法和学习率对模型性能的影响，并研究了注意力机制对模型训练结果的影响。试验结果显示：微调训练所有层的方法比仅微调最后一层的方法能进一步提高模型的性能；采用渐变学习率方法的模型在识别准确率上略高于不变学习率模型，说明渐变学习率方法能够有效地管理和调整模型的学习速率；引入注意力机制的模型的识别准确率略高于未引入注意力机制的模型，这是因为注意力机制能够增强模型对于小麦特征的重要性加权和重要信息关注，提高模型对不同特征、时间步长和空间位置的重要性的感知能力。本节分别通过利用预训练模型的特征提取能力、动态调整学习率和增强对重要信息的关注和重要性加权来提高模型的检测性能、准确性和泛化能力。这些策略在不同的任务和网络结构中得到一定的应用，能够显著提高深度学习模型的泛化能力。本节对这些方法的综合应用能够提高模型的训练效果和泛化能力，加快模型的收敛速度，并且提高模型的识别准确率等性能指标，其中试验8的测试集平均识别准确率高达94.67%，在小麦关键生育阶段的干旱程度识别上具有良好的应用前景。

6.5 基于多模态深度学习融合的干旱胁迫模型

6.5.1 多模态框架简介

"模态"（Modality）俗称感官，是德国理学家赫尔姆霍茨提出的生物学概念。多模态指的是将多种感官信息进行融合，其中包括嗅觉、味觉、视觉、听觉和触觉等。随着互联网的普及和大数据的发展，多模态往往是指将人工智能的感知信息如图像、文本、语音和音频等进行融合，通过对这些感知信息的融合来帮助人工智能更准确地认识外部世界。

目前，大多数研究都是对单一模态的文本或图像进行研究。传统的单模态深度学习尚存在一些问题：仅使用图像时，由于图像背景噪声、图像曝光或低质量的记录图像等导致图像失真，深度学习模型的性能随之降低；仅使用物联网传感器的数据时，地理和气候约束可能会降低模型的准确性。然而，研究同一对象时，需要将不同模态的数据信息进行融合才能使问题的表示更加准确，才能更全面地描述现实世界中的概念和事物，才能更好地处理和理解音频、图像、视频等非文本形式的信息，提高机器对真实数据场景的感知能力[212]。

在精准农业任务中，特别是植物监测中，众多监测方法产生了大量数据[213]。为了处理这些数据，有两种选择：一种是在各个模态上构建模型并评估其效果；另一种是将从各种来源收集到的植物生长数据进行组合[214]。目前，已经开展了许多旨在实现多模态数据融合的研究。一种融合方法是通过增强植物疾病诊断的上下文数据，建立融合卷积神经网络。使用 ContextNet 提取上下文数据，CNN 用于提取视觉特征，并与融合的 MCF 网络集成。该算法在一个包含 50000 个作物疾病样本的数据集上的准确率为 97.5%[215]。另一种融合方法是利用多模态融合开发稻病诊断模型。提出的诊断模型能够从传感器收集的数据中提取数值特征，从图像中提取视觉特征，并用连接层进一步组合这些特征。结果表明，多模态融合模型的准确率高于单模态模型的准确率[216]。

由于在视觉推理条件下存在诸多困难，例如过度曝光或天气阴暗及复杂背景，大多数方法可能在真实的植物表型分析场景中无法满足性能要求[217]。随着图像识别等人工智能技术的发展，农业生产过程的信息获取方式从传统的传感器感知为主向图像感知为主、多种传感器感知共同参与的多模态信息感知方向发展。农业环境信息感知识别技术不仅为农业大规模知识图谱构建提供了海量的数据来源，而且多模态数据形成的闭环可扩充数据集，实现可迭代自主学习，提高知识智能服务模型的自洽性[218]。为了解决这些农业表型分析任务中的问题，本节着重从冬小麦表型特征图像和 WSN 传感器非图像数据中，获取视觉特征和文本特征并进行异构信息融合，设计了一个基于 S-DNet 的新型多模态融合框架，通过融合文本数据和图像深度学习的方法来开发模型和增强模型性能。

6.5.2　融合过程

当使用深度学习模型进行图像分类时，模型的预测结果通常以概率分布的形式给出，对于每个类别会得到一个表示置信度的概率值。然而，仅仅依靠图像分类结果可能无法满足实际应用的需求，特别是将其他相关信息与图像分类相结合时，融合不同来源的数据后，网络比仅使用一个数据来源时更具弹性、容错性和准确性。人工智能中的多模态是指单个模型使用两个或多个异构输入数据，更加准确解决问题的过程，对于精准农业任务，融合多源数据可以增强对真实场景感知理解能力[219]。因此，本节提出了一种用于冬小麦表型分析的从端到端的多模式框架，该框架利用气象干旱数据描述干旱特征，深度学习模型识别冬小麦表型干旱特征，通过融合冬小麦表型图像特征和 SPEI 文本特征来开发模型和增强模型性能，即设计了一个将 SPEI 与 DenseNet-121 相融合的干旱监测模型，称为 S-DNet 干旱胁迫监测模型，该模型框架如图 6.12 所示，整体工作流程如图 6.13 所示。与传统的 CNN 架构相比，加入了一个数字农业气象数据模块来提取气

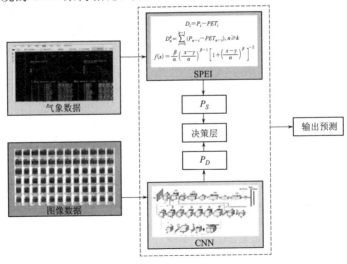

图 6.12　S-DNet 模型框架图

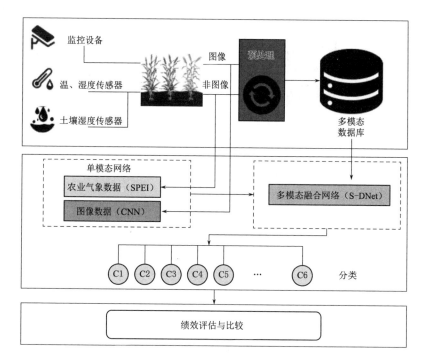

图 6.13 S-DNet 模型框架的整体工作流程

象干旱特征，通过与图像干旱特征融合，进一步提高了对真实数据场景的感知能力。数字农业气象数据包括气象和土壤相关信息，例如温度、空气湿度、光照强度、风速、土壤湿度、降水量、微量元素、土壤 pH 值等。农业气象数据对作物生长环境产生极大影响，并可用于提高模型的识别性能。

决策层融合的基本思想是采用自适应加权融合，将 SPEI 得出的不同气象干旱程度的概率向量与 DenseNet-121 模型识别出的小麦干旱程度概率向量进行融合。该方法能够将两种方法的预测结果有机地结合起来，充分利用各自的特征信息，进而得到更全面的干旱概率向量。决策层框架如图 6.14 所示。决策层在数据融合之前，须保证 SPEI 和 DenseNet-121 模型的干旱概率向量一致，确保两种模态的输出具有相同的干旱类别，从而为融合一致提供基础。同时，根据实时气象状况，为每种方法的概率向量分配权重，以确保权衡各种因素[220]。

6.5.3 融合结果

本节采用自适应加权融合方法，将来自 SPEI 和 DenseNet-121 模型

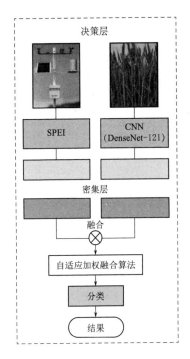

图 6.14　决策层框架图

的干旱概率向量进行融合，以提高干旱程度预测的准确性和鲁棒性。该方法能够将两种方法的预测结果有机地结合起来，充分利用各自的信息，进而得到更全面的干旱概率向量[221]。在数据融合之前，需要得到 SPEI 和 DenseNet - 121 模型的干旱概率向量，并确保这两种方法的输出具有相同的干旱类别，从而为向量融合提供基础。同时，自适应为每种方法的概率向量分配权重，这些权重代表了对各方法预测能力的信任程度，权重的大小可以基于交叉验证、模型评估、领域专业知识等方式确定，以权衡各种因素。

融合的核心是加权计算，通过按照预先分配的权重对两种方法的干旱概率向量进行加权平均，得到融合后的干旱概率向量，具体计算方式如下：

$$P = \omega_1 P_S + \omega_2 P_D \qquad (6.19)$$

式中：ω_1 和 ω_2 分别为 SPEI 指数方法和 DenseNet - 121 方法的权重，且 $\omega_1 + \omega_2 = 1$。此外，为了确保融合结果的统一性和可解释性，对融合后的概率向量进行归一化处理，使其满足概率之和为 1 的性质，将 SPEI 数据与深度学习模型输出数据进行时间和空间对齐，以使其在相同的时间尺度和地理空间范围内进行比较，得到多模态下干旱概率的对比柱状图，如表 6.9 和图 6.15 所示，它们分别展示在不同干旱程度下，由 SPEI、DenseNet - 121 模型和 S - DNet 模型求得的干旱概率向量及干旱概率对比图。

表 6.9　　　　　　　　　　不同模态得到的干旱概率向量

试验	SPEI	DenseNet - 121	S - DNet	干旱类型
1	[0.83,0.09,0.05,0.03, 0.00]	[0.65,0.2,0.1,0.05, 0.00]	[0.776,0.123,0.065, 0.036,0.000]	适宜
2	[0.38,0.54,0.12,0.02, 0.01]	[0.31,0.45,0.13,0.07, 0.04]	[0.331,0.477,0.127, 0.055,0.031]	轻旱
3	[0.17,0.25,0.50,0.05, 0.03]	[0.17,0.29,0.45,0.07, 0.02]	[0.170,0.278,0.465, 0.064,0.023]	中旱

续表

试验	SPEI	DenseNet-121	S-DNet	干旱类型
4	[0.02,0.09,0.16,0.71, 0.02]	[0.04,0.11,0.22,0.58, 0.05]	[0.034,0.104,0.202, 0.619,0.041]	重旱
5	[0.04,0.11,0.18,0.27, 0.40]	[0.02,0.09,0.13,0.21, 0.76]	[0.034,0.104,0.165, 0.252,0.508]	特旱

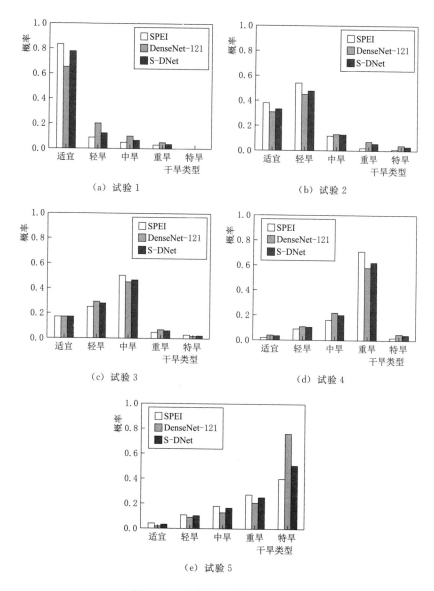

图 6.15 多模态干旱概率对比图

由图 6.15 描述了多模态下干旱概率对比结果，可知，通过采用自适应加权融合方法，S-DNet 模型能够综合利用两种模态的优势，使得最终干旱预测概率相较于单模态图像识别得到小幅提升，从而提高通过图像数据对干旱程度预测的精度和可靠性。

6.5.4　讨论分析

为了进一步提高冬小麦干旱识别模型的准确率，将基于 WSN 获取的农业气象数据计算得到 SPEI，与利用图像数据预先训练的卷积神经网络（CNN）模型 DenseNet-121 进行融合，提出了多模态融合网络（SPEI-DenseNet-121，S-DNet）框架。通过对图像和非图像数据特征学习，结合深度学习分类技术，对冬小麦干旱胁迫的三个关键生育期的干旱情况开展了研究。对单模态 DenseNet-121 模型与多模态 S-DNet 模型进行性能评估对比试验，结果如表 6.10 和图 6.16 所示。

表 6.10　　　　　　　　　单模态和多模态模型的性能对比

	模　　型	数据	结构	生长阶段	准确率/%	损失值	F_1 值
1	单模态 （DenseNet-121）	图片	CNN	起身—拔节	84.4	0.221	0.8322
2		图片	CNN	抽穗—开花	99.2	0.097	0.9891
3		图片	CNN	开花—成熟	97.2	0.120	0.9649
4	多模态 （S-DNet）	融合	SPEI+CNN	起身—拔节	90.0	0.181	0.8921
5		融合	SPEI+CNN	抽穗—开花	99.6	0.081	0.9957
6		融合	SPEI+CNN	开花—成熟	99.6	0.082	0.9956

为了提高冬小麦关键生育阶段干旱程度监测的精度，探索了基于 SPEI 的深度学习融合策略，将作物图像数据与传感器收集的非图像农业气象数据相融合，提出了一种具有多模态融合的 S-DNet 模型，基于 WSN 数据特征和图像学习特征的决策融合对小麦关键生育阶段的干旱程度进行了识别和分类。结果表明：①与单模态 DenseNet-121 模型相比，S-DNet 模型具备更高的准确性、鲁棒性和实用性，在对小麦关键生育阶段干旱程度进行识别和分级时表现出优异的性能，平均识别准确率达到 96.4%；②所提出的多模态 S-DNet 模型干旱识别准确率优于单模态 DenseNet-121 模型，三个关键阶段的模型平均识别准确率提高了 2.8%；③相比于使用单模态 DenseNet-121 模型的混淆矩阵，使用多模态融合的混淆矩阵能够更好地捕捉到不同模态之间的相互关系，从而提高了分类的准确性和可靠性；④通过多模态融合的方式，将深度学习的 DenseNet-121 模型

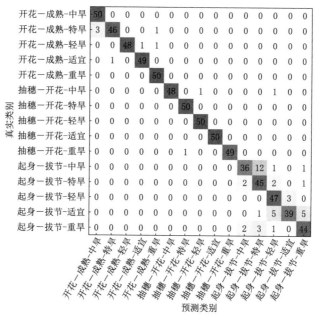

（a）单模态模型 DenseNet-121 的混淆矩阵

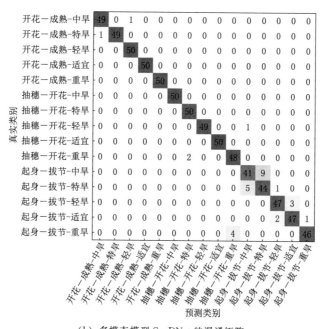

（b）多模态模型 S-DNet 的混淆矩阵

图 6.16　单模态和多模态模型的混淆矩阵

与 SPEI 气象数据相结合，使模型能够更好地理解和把握数据中的潜在规律，这种多模态融合的方法可以提供更全面、更丰富的信息，从而提高了模型的鲁棒性和泛化能力。

6.6　本章小结

本章提出了基于多模态深度学习的冬小麦生长过程干旱监测模型，以实现对冬小麦关键生育阶段干旱胁迫程度的识别与分类。本章的主要内容总结如下：

（1）选取冬小麦起身—拔节、抽穗—开花、开花—成熟这三个关键生育期研究干旱胁迫，获取三个生育期的大田冬小麦干旱胁迫图像，建立与土壤水分监测数据相对应的干旱图像集。通过对比 AlexNet、ResNet-101、DenseNet-121 模型干旱胁迫识别的准确率、查准率、召回率、F_1 值，选择 DenseNet-121 模型作为本章的基础网络模型。

（2）在优选 DenseNet-121 模型的基础上，进行模型训练和策略优化，对迁移学习方法、渐变学习率以及注意力机制方法等进行改进，开展了 8 组试验。结果表明，通过改进能够加快模型的收敛速度，并且提高模型的识别准确率等性能指标，有效提高了冬小麦关键生育阶段的干旱胁迫程度识别与分类，其中试验 8 的测试集平均识别准确率高达 94.67%。

（3）通过 WSN 获取气象干旱指数 SPEI，将大田小麦干旱胁迫表型特征与气象干旱指数 SPEI 相融合，构建基于多模态深度学习的干旱胁迫模型，实现了对受干旱胁迫的小麦三个关键生育期干旱程度的实时监测。结果显示，多模态 S-DNet 模型在三个关键生育期的平均识别准确率达 96.4%，能够对冬小麦干旱胁迫进行无损、精确、快速的诊断和监测。

第7章　河南省冬小麦生长过程智能诊断系统

在前文研究基础上，本章将 WSN 部署与数据采集、数据传输、病虫害识别、干旱胁迫分级进一步集成整合，引入天气预报等联网数据，研发河南省冬小麦生长过程智能诊断系统。该系统基于贪心蚁群算法（ACO‒GS）的传感器节点最优部署策略和复合融合算法，提高数据的可信度和有效性；基于 LoRa 的冬小麦大田 WSN 混合组网确保实时采集的冬小麦生长过程中环境数据的高可靠传输；使用智能算法对农业传感器收集的大量冬小麦生长数据进行分析和处理；采用 VGGNet‒16、DenseNet‒121 等深度学习技术和改进的 Faster R‒CNN 目标检测模型等对冬小麦的生长状态、病虫害、干旱图像进行特征学习。根据冬小麦大田实际状况，引入诊断优化方法，与系统设计相结合进行数据分析与动态建模，自动生成精准灌溉、科学施肥、合理施药的科学化辅助决策，实现了冬小麦的生育阶段分类、病虫害威胁、干旱预警的自动检测，为冬小麦生产过程的系统化、智能化、精细化管理提供了重要的科学支撑。

7.1　系统设计

7.1.1　系统架构

冬小麦生长过程智能诊断系统是一个复杂的任务，它采用了 B/S 架构。用户通过浏览器可以实时监测大田冬小麦小麦生长健康状况。为了保障安全性和可维护性，系统采用了中心数据处理与管理子系统的二级数据存储结构，后台使用当前业界主流的分布式架构，在数据分析、智能处理等功能模块方面设计灵活可扩展，无线传感器网络由嵌入式软件和终端交互软件组成。

系统软件设计包括田间环境信息感知层、传感网络层、分布式数据存储层、诊断核心模组层和可视化应用层等，其中每一层的具体功能如下。系统架构如图 7.1 所示。

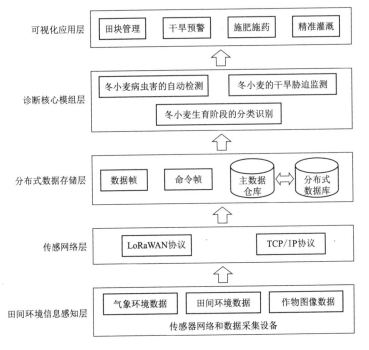

图 7.1　系统架构图

1. 田间环境信息感知层

田间环境信息感知层包括平台前端田间环境感知硬件和物理传输介质，主要作用是对作物生长数据和田间环境状态数据进行采集。这些数据包括气象环境数据、田间环境数据和作物图像数据。通过对这些基础数据的采集，为核心模型进行决策推理提供了数据支撑。

2. 传感网络层

传感网络层构建了从平台前端传感器到平台后台数据存储中心之间的网络通信线路。其主要任务是在传感器节点之间，服务器和用户终端之间建立可靠的网络链路，能够保障数据传输的可靠性和稳定性。田间 WSN 组网采用 LoRaWAN 协议构建无线局域网络。通过复用移动通信网络，建立后端数据服务器的连接。

3. 分布式数据存储层

分布式数据存储和采集的主要工作包括采集传感器环境数据和冬小麦成长图形图像数据，存储和管理结构化和非结构化数据。为了提高数据采集的实时性和有效性，前端感知设备对采集数据进行初步处理后，通过无线传感器网络传输到后端数据存储单元；存储单元对数据进行预处理，清除脏数据和无效数据，提高输入模型层的数据质量。

4. 诊断核心模组层

诊断核心模组层是平台的核心，通过使用深度学习、目标监测模型、人工智能技术等，对采集到的数据进行分析和处理。用于进行模型推理的冬小麦生育阶段、病虫害、干旱胁迫特征模型库和诊断知识库。在冬小麦生长过程智能诊断系统中，主要作用是对冬小麦生育阶段、病虫害、干旱程度进行自动检测，通过模型训练和推理诊断，确定冬小麦生长状态、灌溉、施肥、施药、干旱预警等状况，为田间作业提供辅助决策。

5. 可视化应用层

可视化应用层是面向生产者用户的层次，包括监测数据呈现、田间作业方案生成、病虫害防治策略提示等内容。主要作用是对布放在田间各采集点的平台感知层设备多维度数据，作物生长的图像数据进行可视化展示，输出决策核心模组的计算结果。决策者用户可以通过可视化应用层，了解作物实时环境数据和生长状态数据，更好地理解和应用诊断结果。

7.1.2 系统部署框架

系统研发和部署框架包括五个方面：大数据中心、微服务集群、智能诊断专家知识库、设备终端访问接口、系统日志子系统。智能诊断系统的研发采用螺旋模型持续开发继承与自动化部署，方便功能模块的不断更新迭代。系统部署框架如图 7.2 所示。

1. 大数据中心

大数据中心是平台存储和处理前端无线传感器网络采集的海量结构化数据和非结构化数据的主要功能单元，包括关系数据库系统和静态文件数据库系统。关系数据库系统主要用于存放结构化数据，诸如水文数据、气象数据、土壤墒情数据等信息。静态文件数据库系统包括采集的图形图像数据、自然语言数据等。

2. 微服务集群

系统研发采用微服务架构，通过组合 Web 服务、GIS 服务、办公 OA 服务等资源，满足面向不同角色类型用户的需求。

（1）GISWEB 模块。GISWEB 模块通过将 GIS 功能与 Web 技术相结合，实现了地理信息的在线访问、分析和共享，为用户提供了更便捷和高效的地理信息服务。通过该子系统，能够完成传感器设备、IoT 设备的精确部署，为大田小麦的精准管理提供精准坐标信息。

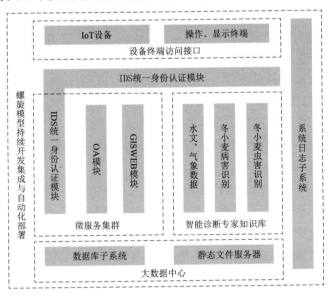

图 7.2 冬小麦生长过程智能诊断系统部署框架图

（2）IDS 统一身份认证模块。传感器设备、IoT 设备的接入，包括用户的登录都通过该系统完成。所有设备的接入需要使用唯一设备标识符进行注册，系统对注册的设备进行统一的数据采集、设备全生命周期管理；对用户登录使用 token 实现单点登录。

（3）OA 模块。OA 模块支持数据的采集管理、设备管理、人员管理、麦田区域管理，是实现农田管理精准化、智能化的工具。

3.智能诊断专家知识库

智能诊断知识库作为系统的核心模块，基于 WSN 获取的数据和图像作为系统的输入，通过智能诊断关键技术冬小麦的生育阶段分类，病虫害识别、干旱胁迫识别，通过与专家知识库对比得到诊断结果。智能诊断模块的实现需要基于大数据中心的海量数据，随着数据的不断增加，模型会不断更新。

4.设备终端访问接口

系统设计支持多种传感器设备、IoT 设备的接入，支持专网接入、5G网接入、Wi-Fi 接入，支持流行的 LoRaWAN 协议、ZigBee 协议。同时数据展示和功能操作支持移动端 APP、计算机终端、大屏终端等多端操作。

5. 系统日志子系统

系统日志子系统是一个用于记录和管理系统运行过程中产生的日志信息的模块或工具。它在计算机系统中起跟踪、监控和故障排查的重要作用。系统日志子系统通常包括以下主要功能：日志记录，日志级别与分类，日志格式，日志存储与管理，日志筛选与过滤，日志分析与告警。通过使用系统日志子系统，管理员和开发人员可以更好地了解系统的运行情况，快速定位和解决问题，提高系统的可靠性和稳定性。此外，系统日志还可以在安全审计、合规性检查和故障追踪等方面发挥重要作用。

7.1.3 系统功能设计

为提高冬小麦生长过程智能诊断系统的性能，对系统各模块进行了独立的规划。智能诊断系统包括七个子系统，分别是：用户认证子系统、接口子系统、数据库子系统、执行子系统、专家子系统、检测识别子系统以及分析和展示子系统，如图 7.3 所示。

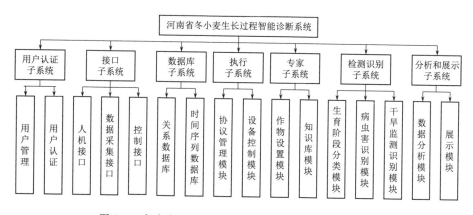

图 7.3 冬小麦生长过程智能诊断系统总体功能结构图

1. 用户认证子系统

用户认证子系统是一个用于管理用户身份验证和访问控制的子系统。它负责验证用户的身份，并控制其对系统资源的访问权限。

2. 接口子系统

接口子系统是一个用于与外部系统或服务进行交互的子系统。它提供了一组接口或 API，使得不同系统之间可以进行数据交换和通信。接口子系统负责处理数据传输、格式转换和安全性等方面的任务，以确保系统间的无缝集成和良好的互操作性。

3. 数据库子系统

数据库子系统是冬小麦生长智能管理决策系统的重要组成部分。它负责数据的持久化、存储和检索，提供了数据的高效管理和访问机制。从类型上将数据库划分为关系数据库和时间序列数据库，其中关系数据库主要存储地域信息数据、田块信息数据、作物信息数据、设备信息数据、冬小麦长势数据、土壤墒情数据、种植管理操作数据、用户信息数据；时间序列数据库则主要存储操作日志、气象数据、传感器实时监测数据、生产过程记录数据、收获结果记录等，以满足系统对数据的持久化和高效性能的需求。

4. 执行子系统

执行子系统是一个用于管理系统的运行和行为的子系统。它负责监控系统的运行状态、处理异常情况、调度任务和资源分配等。执行子系统通过监测和管理系统的各个组件，确保系统的稳定性和可靠性，并对系统进行合理的调度和优化。

5. 专家子系统

专家子系统是一个用于提供专业知识和决策支持的子系统。它基于领域专家的知识和规则，通过推理和分析来解决复杂的问题。专家子系统主要通过作物设置模块向系统提交作物信息、田间土壤信息、灌溉方式等数据，对数据进行分析和处理，并生成相应的建议或决策结果。

6. 检测识别子系统

检测识别子系统包含生育阶段分类模块、病虫害识别模块、干旱监测识别模块。它负责对冬小麦生育阶段、病虫害、干旱胁迫进行自动检测识别，通过模型训练和推理诊断，确定冬小麦生长状态、灌溉、施肥、施药、干旱预警等状况，为田间作业提供辅助决策。

7. 分析和展示子系统

分析和展示子系统是一个用于数据分析和可视化展示的子系统。它负责对系统中的数据进行统计、分析和挖掘，从中提取有价值的信息和洞察，并将降水、土壤含水量、参考作物蒸散量、灌水量、施肥量、产量和品质等数据以可视化的方式展示给用户，帮助用户更好地理解和利用数据，支持决策和业务发展。

7.1.4　系统功能流程

系统功能流程如图 7.4 所示。

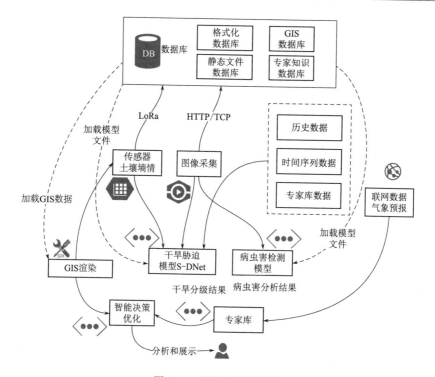

图 7.4 系统功能流程图

　　冬小麦生长过程智能诊断系统集成了数据库（DB）、GIS 数据处理、模型诊断、数据通信及前端交互界面等关键模块。数据库（DB）是整个系统的基础，数据中心包括格式化数据库、静态文件数据库、GIS 数据库、专家知识数据库；其中格式化数据库主要用来存储 SPEI 的气象数据，属于时间序列数据，同时存储来自传感器采集的格式化数据。干旱胁迫模型 S-DNet 的输入数据，一部分来自通过 LoRaWAN 协议连接的硬件传感器采集的土壤墒情数据，包含土壤 pH 值、土壤湿度等，同时测量气象的相关数据，包括降雨量、温度、相对湿度和阳光强度；另一部分是深度学习模型图像数据。病虫害检测模型的输入数据，一部分来自通过 HTTP、LoRaWAN 协议连接的田间监控设备采集的小麦图像，另一部分来自格式化数据库这种时间序列数据，同时加载模型文件进行病虫害分析。为了提供准确的冬小麦生长诊断，系统先通过 GIS 处理模块对 GIS 数据进行处理和分析，实现地理位置的精准分析并提供地理信息的可视化展示。系统的模块间通信采用了 HTTP/TCP 协议，与外部模块（例如摄像头）交换数据，以获取冬小麦的实时图像。系统选用 .onnx 文件格式进行模型存储和调用，如 S‐DNet。数据经过 S‐DNet 模型和病虫害检测模型，这些模型能够进行深度的冬小麦生长数据分析，得到的干旱胁迫程度、干旱分级结果和病虫害分析结果，与通过联网数据得到的气象预报进行综合，传入专家库子系统做出对比诊断，再通过加载 GIS 数据进行 GIS 渲染，通过分析和展示子系统输出智能诊断结果和辅助决策方案。用户可以通过前端界面查看详细的数据分析，并进行查询交互。

同时，通过 GIS 技术实现以下功能：

（1）数据可视化。利用地理信息系统（GIS）技术，将与冬小麦生长相关的数据进行处理、分析和展示，以地理空间的方式呈现出来。这样可以直观地了解冬小麦的种植区域、土壤质量、气候条件、灌溉情况等，并通过图层叠加和专题制图等方式，使数据更易于理解和决策。

（2）决策智能化。借助数据挖掘、机器学习和人工智能等技术，对冬小麦生长过程中的大量数据进行分析和预测。通过分析过去的生长数据、气象数据、土壤数据等，结合相应的算法模型，提供冬小麦生长的优化建议和决策支持。例如，根据历史数据和模型预测，为种植者推荐最佳的灌溉时间、施肥方案、病虫害防治措施等，以提高农作物产量和质量。

（3）控制远程化。利用物联网技术，实现对冬小麦生长环境的远程监测和控制。通过传感器和自动化设备，获取关键的生长环境数据，如土壤湿度、温度、光照等，并通过远程通信和控制技术，实现对农田灌溉、温室调节、施肥等操作的远程控制。这样可以及时响应环境变化，保证冬小麦在最适宜的生长条件下生长。

（4）管理精细化。通过 GIS 技术和决策支持系统，实现对冬小麦生长过程的管理精细化。将不同地块、地区的数据进行整合和比较，进行空间分析和统计，帮助农作物管理者更好地了解冬小麦的种植情况和生长状态。同时，基于模型预测和实时数据，进行监测和预警，及时发现可能的问题和风险，并采取相应的管理措施，以提高冬小麦的产量、效益和可持续发展。

7.1.5　数据库设计

7.1.5.1　关系型数据库

PostgreSQL 作为一款高度可拓展的、开源的关系型数据库管理系统，具备丰富的数据类型支持，包括数组、JSON 和几何数据等，能够适应多样化的物联网设备数据处理需求；高级的扩展性使得 PostgreSQL 能够灵活扩展，轻松满足不断增长的数据需求，支持复制、分区和分布式事务等关键功能，确保了高可用性和容错性。PostgreSQL 注重数据安全性，提供高级的身份验证和授权机制、数据加密以及审计功能，确保数据的完整性和保密性。

在本系统中，PostgreSQL 数据库能够完成对功能性和安全性的需求。同时选型也兼顾了以下两方面的因素：一是其开源性质使得项目无需支付许可费用，有效降低了总体成本，适用于农业项目的开发；二是其高度可定制性使用户能够根据特定的需求调整功能，以满足复杂数据模型和查询需求。

系统数据库包含数据表较多，限于篇幅，本书主要介绍八张重要的数据表，分别为地域信息表、田块信息表、作物信息表、设备信息表、冬小麦长势表、土壤墒情表、种植管理操作表、用户信息表。

7.1.5.2　静态文件数据库系统

静态文件数据库系统包括采集的图形图像数据、自然语言数据等。该系统是用于存储非结构化静态文件数据的非关系型数据库，能够为数据存储提供高并发读写、持久化存储和共享访问的性能保障。详细设计过程如下：

（1）确定数据存储需求。确定非结构化静态文件数据量大小、访问频率、持久性需求等基本参数，配置非关系型数据库的基本参数。

（2）设计数据库架构。设计静态文件元数据表结构，包括文件的 ID、名称、创建时间和修改时间等信息。

（3）设计文件元数据表。设计用于存储文件基本信息的元数据表结构，以文件名称和创建时间作为索引形式，提高访问和查找效率。

（4）设计文件内容表。为了提高存储和查找非结构化数据的效率，采用二进制大对象的存储方式存放静态文件数据。

（5）文件上传和下载功能设计。上传文件时，将文件元数据（例如文件名、创建时间等）添加到文件元数据表中，并将文件内容存储到文件内容表中。下载文件时，通过查询文件元数据表来找到所需的文件，并从文件内容表中获取文件内容。

（6）访问控制和安全性。为了确保数据的安全性，需要实现访问控制和权限管理功能。为不同的用户或角色分配不同的权限级别，例如只读、读写等。在实际应用中，通过使用加密技术来保护敏感数据的安全性。

7.2　诊断优化方法

7.2.1　生育阶段分类识别

基于第 4 章改进的 Faster R-CNN 冬小麦生育阶段分类识别模型，在现有数据集的基础上进行人工标注，并送入模型进行训练，得到的模型用于生育阶段分类的推理。

在部署生产环境过程中，冬小麦生育阶段图像的采集以天为单位进行，可采用手动或传感器自动采集等方式进行，系统提供图像传输接口，便于采集手段的扩展和采集方法的灵活性。对于推理结果，不同图像采集时段会出现生育阶段反复跳变的情况，针对该情况，在生育阶段分类诊断过程中，采用数据平滑处理做进一步优化。

滑动平均是一种常用的信号平滑技术，通过计算一定窗口内数据的平均值来减少噪声和突变的影响，具体算法如下：

(1) 确定窗口大小。首先，需确定滑动平均的窗口大小，记为 N。这个大小决定了计算平均值所涵盖的时间范围。可以根据实际情况和数据特点来选择合适的窗口大小。在系统实现过程中，根据第 4 章实验数据，统一取 $N=5$。

(2) 计算滑动平均值。对于每天的生育阶段分类结果，最初的 N 天可直接采用原始值作为滑动平均的初始值。从第 $N+1$ 天开始，计算滑动平均值的过程如下：

1) 假设当前天为第 i 天，则滑动平均值为前 N 天生育阶段分类结果的平均值。可以使用以下公式计算滑动平均值：

平滑结果$[i]=($结果$[i-1]+$结果$[i-2]+\cdots+$结果$[i-N])/N$

2) 在计算过程中，每天向右滑动一步，将第 $i+1$ 天的结果加入计算，同时删除第 $i-N$ 天的结果。

(3) 计算滑动平均后的结果。通过进行滑动平均处理后，得到的平滑结果序列可以提供较为平稳和连续的生育阶段分类结果，减少了前后几天生育阶段跳变的情况。

7.2.2　干旱监测预警

在第 3 章、第 6 章基础上进行优化，以便于系统的部署。

7.2.2.1 优化诊断原则

（1）干旱灾害防治以总体经济最优为原则。所谓总体经济最优是指一方面灾害防治投入成本最小，另一方面农作物获得收益最大，获得综合净效益最大化。

（2）干旱灾害防治精准性与经济性相统一的原则。干旱发生频率较多，其中一些强度相对较低的干旱对作物影响相对较小，因此，对于干旱灾害的防治，不是有旱必抗，而要根据其影响范围和程度来决定。

（3）干旱灾害的防御要体现动态管理原则。干旱灾害的发生和发展与气象要素的变化密切相关，不考虑天气变化，不合理的灌溉可能会引起由旱转涝，既浪费水资源又失去了抗旱减灾的效果，因此，要考虑气象要素的动态变化，能够基于未来风险预估，做出最为科学的决策判断。

7.2.2.2 优化诊断策略

干旱灾害诊断策略主要包括三个阶段：第一个阶段是基于全区域综合旱灾影响程度诊断基础上做出是否进一步采取措施；第二个阶段是时间诊断决策，主要是是否采取灌溉；第三个阶段是在判断进行灌溉的情形下，结合天气预报、墒情监测、作物生长阶段需水信息进行精准灌溉预测和灌溉管理辅助诊断。干旱灾害诊断策略框架如图7.5所示。

1. 空间诊断策略

（1）灾害严重程度综合诊断指数。灾害严重程度的诊断包括两个方面：一是灾情等级；二是不同等级灾情的面积。因此，需要将各单元灾情等级与所占面积比进行

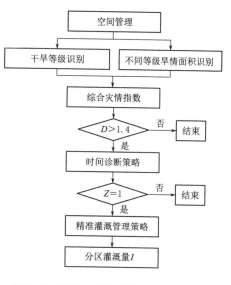

图7.5 干旱灾害诊断策略框架示意图

加权计算，得到某一灾种的综合灾情等级，计算公式如下：

$$D = \sum_{i=1}^{m}(S_i A_i) / \sum_{i=1}^{m} A_i \tag{7.1}$$

式中：S_i 为第 i 等级灾情的赋分，灾情等级划分为无、轻、中、重、特旱五级，分别赋分1，2，3，4，5；A_i 为第 i 等级灾情的面积。

（2）控制单元面积确定。各灾情识别片的控制面积采用泰森多边形法确定，具体以各监测点的中垂线相交的点为各控制面积的边界控制点，将其首尾相连得到的区域即为各监测点的控制面积，可利用 GIS 中邻域分析下的构建泰森多边形工具实现，如图 7.6 所示。

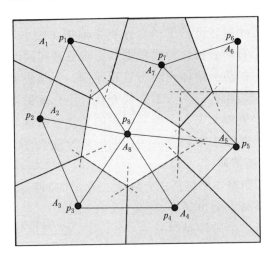

图 7.6　各监测点与控制单元关系的泰森多边形示意图

（图中，p_1、p_2、…代表监测点位，A_1、A_2、…代表各点位的控制单元面积）

（3）评价方法。根据灾情等级和影响面积，结合式（7.1）灾情综合诊断指数可诊断出管理区域的干旱灾害综合影响情况。当发生中旱面积为 20%，其他面积均为无旱时，灾情综合诊断指数 D 为 1.4，因此，当 $D \geqslant$ 1.4 时，进一步采取时间诊断策略。

空间诊断策略：

$$S = \begin{cases} 1 & D \geqslant 1.4 \\ 0 & D < 1.4 \end{cases} \tag{7.2}$$

式中：S 为是否采取进一步的时间诊断策略，1 为是，0 为否。

2. 时间诊断策略

干旱演变往往在数天之内演化成灾，因此，短期诊断是干旱灾害管理的重点和关键。一般天气预报时间尺度为 1 周，因此，短期干旱诊断以 1 周为基本时间单元。中旱及以上等级干旱是造成作物减产的主要干旱等级，因此，干旱优化诊断的重点是针对中旱及以上等级干旱。河南省冬小麦干旱胁迫关键生育阶段是起身—拔节、抽穗—开花、开花—成熟共 3 个阶段，因此，这三个阶段是干旱胁迫诊断的关键阶段。

时间诊断策略见式（7.3）和式（7.4）。

$$Z^j = \begin{cases} 1 & \left(\dfrac{ET_i}{ET_{m,i}}\right)^{\lambda_i} \geqslant 0.1 \\ 0 & \left(\dfrac{ET_i}{ET_{m,i}}\right)^{\lambda_i} < 0.1 \end{cases} \tag{7.3}$$

$$ET_i = \sum_{k=t_1}^{t_n} \left[(K_{s,i}^k K_{cb,i}^k + K_{e,i}^k) ET_{0,i}^k \right] \tag{7.4}$$

式中：Z^j 为当前做出的决策，1 为灌溉，0 为不灌；ET_i 为当前生育阶段旱情下的作物耗水量；$ET_{m,i}$ 为第 i 生育阶段的最大作物耗水量；λ_i 为第 i 生育阶段的作物水分敏感系数；$ET_{0,i}^k$ 为第 i 生育阶段第 k 天的参考作物需水量；$K_{s,i}^k$ 为第 i 生育阶段第 k 天的水分胁迫系数；$K_{cb,i}^k$ 为第 i 生育阶段第 k 天的基础作物系数；$K_{e,i}^k$ 为第 i 生育阶段第 k 天的土壤蒸发系数。

分级分区精准灌溉诊断策略见式（7.5）和式（7.6）。

$$Max: g = \left(\frac{ET_i}{ET_{m,i}}\right)^{\lambda_i} \tag{7.5}$$

$$ET_i = f(I_i, P_i) \tag{7.6}$$

式中：I_i 为未来短期内的灌溉水量；P_i 为未来短期内的降水量。

7.2.3　病虫害检测

在第 5 章方法的基础上进行优化，以便于系统的部署。

（1）优化诊断原则。与干旱灾害有所不同，病虫害的爆发速度较快，因此对其防治要坚持两个原则：一是重视早期防治，二是精准强化巩固。

（2）优化诊断策略。

1）综合诊断。与干旱灾害诊断类似，也需要根据病虫害爆发面积、灾害程度，综合判断区域的综合灾害情况，然后，在此基础上进行诊断，当病虫害综合灾情指数 $D = 1.2$ 时，可认为总体处于轻度状况。

综合诊断：

$$S = \begin{cases} 1 & D \geqslant 1.2 \\ 0 & D < 1.2 \end{cases} \tag{7.7}$$

式中：S 为是否采取进一步的精准防控诊断策略，0 为否，1 为是。

2）精准诊断与策略。当上一步的综合决策 $S = 1$ 时，进一步根据病害或虫害的灾情等级，对空间区域进行分区，病虫害灾情等级划分为五级（无、轻度、中度、重度、极重），各分区采取针对性的措施。

7.2.4 施肥优化诊断

首先，对养分传感器各控制单元进行编号；其次，根据各单元与区域平均值的相对误差进行聚类；最后，对各聚类单元进行统一的养分管理。聚类方法如下：

（1）计算任意两两相邻的传感器养分含量监测站相对误差：

$$\varepsilon_{ij} = \frac{abs(y_i - y_j)}{y_i} \qquad (7.8)$$

（2）初始聚类。将两两之间 $\varepsilon_{ij} \leqslant 10\%$ 的进行聚类。

（3）聚类修正。为便于管理，聚类区域中间的个别其他类的聚类到聚类较多点的一类，可手动分区。

（4）然后，计算各分区的平均值，根据各分区监测平均值与目标产量下的需肥量差值，确定施肥量及养分配比，具体方法如下：

首先，根据冬小麦目标产量下对养分需求以及实测土壤养分，对养分管理、施肥种类和施肥量提出诊断辅助优化策略，目标产量计算公式如下：

$$y = \begin{cases} [\alpha(N)m_0(N) + m(N)] / [\delta(N)\gamma(N)] \\ [m_0(P) + m(P)] / [\delta(P)\gamma(P)] \\ [m_0(K) + m(K)] / [\delta(K)\gamma(K)] \end{cases} \qquad (7.9)$$

式中：y 为目标产量，kg/亩；$\alpha(N)$ 为土壤有效氮素含量换算系数，无量纲；$m_0(N)$ 为土壤全氮含量测定值，mg/kg；$m(N)$ 为单位面积施用的肥料量，kg/亩；$\delta(N)$ 为土壤中氮的当季利用率，%；$\gamma(N)$ 为生产 100kg 籽粒吸收的氮量，kg/kg；$m_0(P)$ 为土壤速效磷含量测定值，mg/kg；$m(P)$ 为单位面积施用的肥料量，kg/亩；$\delta(P)$ 为土壤中磷的当季利用率，%；$\gamma(P)$ 为生产 100kg 籽粒吸收的磷量，kg/kg；$m_0(K)$ 为土壤有效钾含量测定值，mg/kg；$m(K)$ 为单位面积施用的肥料量，kg/亩；$\delta(K)$ 为土壤中钾的当季利用率，%；$\gamma(K)$ 为生产 100kg 籽粒吸收的钾量，kg/kg。

由式（7.9）推出肥料施用量为

$$m(N) = \delta(N)\gamma(N)y - \alpha(N)m_0(N) \qquad (7.10)$$

$$m(P) = \delta(P)\gamma(P)y - m_0(P) \qquad (7.11)$$

$$m(K) = \delta(K)\gamma(K)y - m_0(K) \qquad (7.12)$$

然后，计算肥料氮、磷、钾配比为

$$m(N):m(P):m(K) \tag{7.13}$$

根据上述配比，选择复合肥中配比与其最相近的肥料作为优选施用的肥料。施肥量为

$$M = m(N)/\beta(N) = m(P)/\beta(P) = m(K)/\beta(K) \tag{7.14}$$

式中：$\beta(N)$ 为施用肥料中氮含量，mg/kg；$\beta(P)$ 为施用肥料中磷含量，mg/kg；$\beta(K)$ 为施用肥料中钾含量，mg/kg。

7.3 系统实现与诊断结果分析

7.3.1 系统实现

河南省冬小麦生长过程智能诊断系统围绕数据通信、数据分析、病虫害识别、干旱识别、智能诊断等关键过程展开，实现冬小麦生长过程的实时监测、精准管理。系统主控界面如图 7.7 所示。

田块的具体信息（温度、空气湿度、施肥量、降水量、蒸散量等）在主控界面进行了可视化处理，用户可在主控界面查看具体信息和导航到相应模块。病虫害识别模块自动将采集的实时病虫害图片进行识别，并同时提供识别结果和相应的智能辅助决策，以生成全新的施药方案；干旱监测模块实现对不同农田区域干旱情况的实时监测（见图 7.8），将农田划分为不同区域，并结合实时传感器数据和监控图像对各区域的干旱程度进行分析展现。在灌溉过程中，系统会根据土壤传感器所监测到的土壤湿度和干旱水平，依据智能灌溉诊断策略，实施灌溉操作。每次执行灌溉的时间、时间间隔及灌溉量均被纳入灌溉日志并记录至系统数据库。

7.3.2 诊断结果与分析

7.3.2.1 干旱实例分析

以河南省豫北某地智慧灌溉试验基地为例，重点针对分级分区精准灌溉管理，对冬小麦起身—拔节期、抽穗—开花期、开花—成熟期三个关键阶段提出灌溉管理技术参数。

（1）起身—拔节期。冬小麦该阶段计划湿润层深度取 0.6m，田间持水量（土壤体积含水率）为 0.34，适宜灌水量上限为 80% 田间持水量，凋萎系数为 0.12（土壤体积含水率）。根据式（7.5）和式（7.6）优化模型，结合未来 7 天内的天气预报情况（主要为不同雨量等级），预估推荐的灌溉水量见表 7.1。

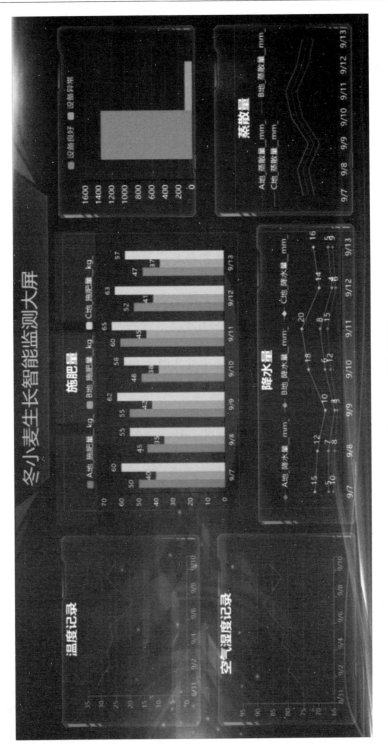

图 7.7　系统主整界面

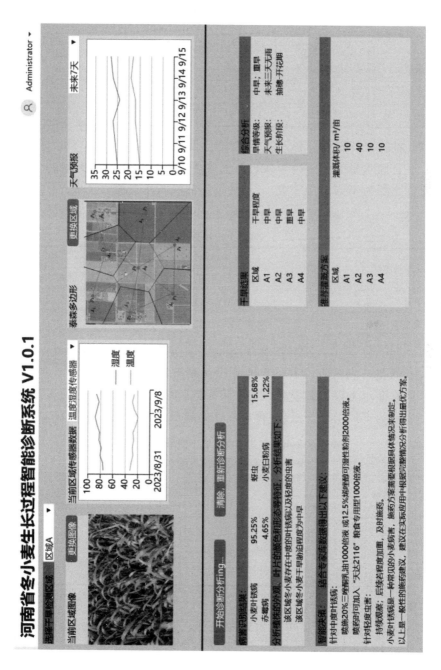

图 7.8 实时监测区域界面

表7.1   典型区冬小麦起身—拔节期不同旱情等级及
未来天气情况下的推荐灌水量

当前分区旱情等级	推荐灌水量/（m³/亩）			
	未来3天无雨	未来3天中雨	未来7天无雨	未来7天中雨
中旱		0	11	8
重旱	30	13		
特旱	42	18		

（2）抽穗—开花期。冬小麦该阶段计划湿润层深度取 0.8m，田间持
水量、适宜灌水量上限、凋萎系数与上述相同。结合未来7天内的天气预
报情况（主要为不同雨量等级），预估推荐的灌溉水量见表7.2。

表7.2   典型区冬小麦抽穗—开花期不同旱情等级及
未来天气情况下的推荐灌水量

当前分区旱情等级	推荐灌水量/（m³/亩）			
	未来3天无雨	未来3天中雨	未来7天无雨	未来7天中雨
中旱		0	14	10
重旱	40	17		
特旱	55	24		

（3）开花—成熟期。冬小麦该阶段计划湿润层深度取 1.0m，田间持
水量、适宜灌水上限、凋萎系数与上述相同。结合未来7天内的天气预报
情况（主要为不同雨量等级），预估推荐的灌溉水量见表7.3。

表7.3   典型区冬小麦开花—成熟期不同旱情等级及
未来天气情况下的推荐灌水量

当前分区旱情等级	推荐灌水量/（m³/亩）			
	未来3天无雨	未来3天中雨	未来7天无雨	未来7天中雨
中旱		0	18	13
重旱	51	22		
特旱	69	30		

7.3.2.2 施肥实例分析

实际大田中测定的某单元农田中全氮、速效磷和有效钾含量分别为
800mg/kg、16mg/kg、453mg/kg，全氮中有效态氮按全氮的 2% 计，土壤中
氮、磷、钾的当季利用率分别按 40%、13%、20% 计，则土壤中纯氮、磷、
钾当季可利用量分别为 6.4kg、2.1kg、10.6kg。冬小麦的目标产量按550kg/

亩计，百公斤籽粒产出吸收的氮、磷（P_2O_5）、钾（K_2O）分别为 3kg、1.25kg、2.5kg，则目标产量下亩均施用的氮、磷（P_2O_5）、钾（K_2O）分别为 16.5kg、6.9kg、13.8kg。则需施肥补充的氮、磷、钾量分别为 16.5－6.4＝10.1kg、6.9－2.1＝4.8kg、13.8－10.6＝3.2kg。则氮、磷（P_2O_5）、钾（K_2O）配比为 25：12：8，根据表 7.4 中三种备选的复合肥，可选择养分总含量为 45％，氮、磷、钾配比为 25：12：8 的复合肥，则复合肥推荐施用量为 4.8/12％＝40kg/亩。备选的 3 种肥料养分配比情况见表 7.4。

表 7.4　　　　　　　　　　　备选 3 种肥料养分配比情况表

肥　料	肥料 1	肥料 2	肥料 3
N/％	25	25	25
P/％	12	13	14
K/％	8	7	6

7.3.2.3 施药实例分析

通过分析植株的外观、叶片的颜色等特征，智能诊断系统能够快速识别出可能存在的病害和虫害类型，以及干旱胁迫程度。该区域冬小麦目前处于抽穗—开花期，存在中度的叶锈病以及轻度的虫害，且干旱胁迫程度为中旱，智能诊断系统呈现的诊断辅助决策措施对冬小麦不同等级的病害防治措施与标准专家知识基本一致。

对冬小麦不同等级病虫害防治措施见表 7.5，推荐施用药剂及用量见表 7.6。

表 7.5　　　　　　　　冬小麦不同等级病虫害防治措施表

分　区	管　理　措　施
无、轻度区	持续观察
中度区	喷施混合液，持续观察，如 20 天后仍为中度，再次喷施；如病虫害消失，持续观察
重度区	喷施混合液，持续观察，如 1 周后仍为重度及以上，再次喷施；如 1 周后降为中度，按中度区防治；如病虫害消失，持续观察
极严重区	喷施混合液，持续观察，如 2 天后仍为重度及以上，再次喷施；如 1 周后降为中度及以下，按中度及以下区防治；如病虫害消失，持续观察

表 7.6　　　　冬小麦主要病虫害推荐施用药剂及用量情况表

病虫害种类	推荐施用药剂类别及用量
条锈病	喷洒 20％三唑酮乳油或 12.5％特谱唑（烯唑醇、速保利）可湿性粉剂 1000～2000 倍液、25％敌力脱（丙环唑）乳油 2000 倍液

续表

病虫害种类	推荐施用药剂类别及用量
叶锈病	喷施 20％三唑酮乳油 1000 倍液，或 12.5％烯唑醇可湿性粉剂 2000 倍液
白粉病	每亩用 20％粉锈宁乳油 50mL，兑水 50～60kg 喷雾。还可喷洒 50％粉锈宁可湿性粉剂 1000 倍液或波美 0.5～0.8 度石硫合剂
蚜虫	用无公害高效农药"邯科 140" 10mL 一桶水（稀释倍数 1500 倍液）

7.4　本章小结

本章在前文研究的基础上，将传感器节点部署与数据采集传输、病虫害识别、干旱胁迫分级进一步整合，研发了河南省冬小麦生长过程智能诊断系统。在系统实现过程中，引入了数据库及 GIS 技术作为底层支撑；在基于深度学习的病虫害识别、干旱胁迫分级的基础上，引入病虫害与干旱的诊断原则与诊断策略优化，使之能够达到落地部署的要求。该系统实现了大田小麦管理的远程化、智能化、精细化。首先，它借助物联网技术，对冬小麦田块进行多维度数据采集，包括土壤墒情、气象条件和生长状态等，这些数据通过无线通信传输至中央数据库，基于 GIS 进行渲染显示，实现了农田的远程监测；其次，技术层面上，系统运用了关键技术，其中包括图像识别技术和通过融合数值计算和图像深度学习方法的新型多模态融合网络框架，分别用于实现冬小麦病害和虫害的自动检测和识别，以及干旱胁迫监测。最后，数据分析和建模用于智能诊断，通过专家系统自动生成决策，实现了冬小麦管理的智能化；在生成决策的过程中，通过对诊断原则与诊断策略的优化，引入天气预报等联网数据，以泰森网格为单位进行诊断，生成的灌溉、施肥、施药方案更加精准、精细。

综上所述，河南省冬小麦生长过程智能诊断系统是一项具有广泛应用前景的农业科技，通过整合多种关键技术，实现了智能诊断辅助决策功能，为农业生产提供了更高效、可持续的诊断方案。智能诊断系统能够实现河南省冬小麦生产的科学施肥、精准灌溉、合理施药诊断和科学化辅助决策，为小麦生产过程科学种植与灌溉施肥施药管理、自然灾害预警、产量监测提供决策依据和技术支撑，对实现资源的合理有效利用、科学投入、节本增效、增产保质，降低污染，保障国家粮食安全具有重要的作用和意义。

第8章 结论与展望

8.1 结论

本书面向智慧农业，采用物联网、深度学习和多模态融合算法等技术与方法，建立农业冬小麦大田 WSN 传感器部署组网，采集冬小麦生长过程的监测数据，构建基于图像特征学习的冬小麦生长阶段分类识别模型、基于深度学习的冬小麦病虫害精准识别模型，提出了冬小麦关键生育期干旱胁迫监测模型，对冬小麦病虫害及干旱胁迫进行精准识别，进而研发了冬小麦生长过程智能诊断系统，开展了冬小麦生长过程监测和智能诊断研究。主要研究结论如下：

（1）为解决传统 WSN 网络通信速率低、传输距离短、功耗高、时延长等问题，根据农业大田范围广、环境复杂、实时性高等特点，选用星型网络拓扑结构，使用有线、无线混合组网方式，通信协议使用 LoRaWAN，基于 LoRa 技术的低功耗和远距离通信特点，设计了一种基于 LoRa 的新型冬小麦大田 WSN 混合组网策略。

（2）针对传统的农作物监测系统缺乏考虑整个 WSN 的连通性、节点数量和覆盖范围等因素，导致网络节点的利用率低、功耗大、成本高等问题，在传统 ACO 中引入了 $coverWP$ 和 $Distance_{ij}$ 两个贪婪因子，通过模型率定与参数优化，提出了基于贪心蚁群（ACO‑GS）算法的传感器节点最优部署策略。选用传感器数量、覆盖密度评价指标，与传统 ACO 和 PSO‑ACO 算法开展对比试验。结果显示，ACO‑GS 算法不仅提高了节点部署覆盖范围，降低部署数量和部署密度，同时也降低了部署成本和网络功耗。

（3）传统的农作物传感器监测数据融合方法只是平均加权融合，鲁棒性低，易受极端数据的影响，采用阈值淘汰的方法进行噪声抑制预处理过滤掉不符合实际的脏数据，然后使用 Kalman 滤波进行一级融合，自适应加权算法进行二级融合，设计了基于 Kalman 滤波和自适应加权的复合融合算法。试验结果表明，该算法能够有效降低极端数据对融合结果的影响，提高数据融合的鲁棒性，为冬小麦生长监测数据融合研究提供了可行的方法。

(4) 传统 WSN 系统的性能受到网络时延、网络带宽、网络丢包、能量消耗等多方面的影响，通过选取网络能耗、网络丢包率、网络带宽、网络时延 4 个网络服务质量指标，采用定性判断和定量分析相结合的方法，对 WSN 混合组网策略开展综合评价。通过与 Wi‐Fi、蓝牙、ZigBee 等三种通信策略对比表明，基于 LoRa 的智慧农业 WSN 混合组网在保持网络时延较低的情况下，满足网络带宽要求，同时降低了网络能耗和丢包率，WSN 网络服务质量性能评价优良，不仅能够保障农业大田数据采集传输的有效性和可靠性，而且可为冬小麦生长环境监测提供有效方案。

(5) 对采集的田间冬小麦图像进行预处理，使用基于深度可分离卷积的图像分割模型对冬小麦、土壤和杂草进行分割，成功地从田间图像中提取了冬小麦样本并标注前景和背景信息，图像分割模型对小麦、杂草和土壤的分割准确率分别为 90.91%、22.87% 和 65.15%，查准率分别为 93.45%、17.21% 和 60.58%，召回率分别为 95.02%、18.43% 和 58.32%。利用 VGGNet‐16 提取图像特征和 RPN 构建了改进的 Faster R‐CNN 目标检测模型，并对原始候选框进行边框回归纠正训练，使用分类器对原始图像候选区域进行分类实现了对冬小麦三个主要生育阶段的识别分类，分类平均准确率达到了 96.00%，为农业精细化管理提供科学支撑。

(6) 为实现对小麦病虫害的高效识别检测，优选 VGGNet‐16 作为深度学习的基础模型，并基于 VGGNet‐16 结构参数和训练策略进行一定的优化和改进。采用数据扩充方法增加数据的多样性，解决了各类型准确率分布不均问题；采用迁移学习技术，设计四组对比试验，结果显示，微调全部层的迁移学习方法表现最佳，测试集识别准确率达到 96.02%。针对冬小麦病虫害样本的颜色及特征差异较大问题，引入注意力机制模块，基于迁移学习的训练模型 VGGNet‐16，结合 CBAM 注意力机制在图像分类识别领域的良好应用效果，设计了改进的混合注意力机制 NLCBAM 模块，提出了应用于冬小麦病虫害识别的改进模型 CBAM‐VGGNet‐16 和 NLCBAM‐VGGNet‐16。试验结果表明，加入注意力机制的 CBAM‐VGGNet‐16 和 NLCBAM‐VGGNet‐16 的测试集识别准确率均有所提高，其中 NLCBAM‐VGGNet‐16 的识别效果最佳，测试集识别准确率达到了 97.57%，极大地增强了深度学习在冬小麦病虫害检测识别中的实际可应用性。

（7）选取冬小麦的起身—拔节、抽穗—开花、开花—成熟这三个关键生育期研究干旱胁迫，获取大田冬小麦三个生育期的小麦干旱胁迫图像，建立与土壤水分监测数据相对应的干旱图像集，优选 DenseNet－121 模型提取干旱特征，同时通过 WSN 获取气象干旱指数 SPEI，将大田小麦干旱胁迫表型特征与气象干旱指数 SPEI 相融合，构建基于多模态深度学习的干旱胁迫模型 S－DNet，实现了对受干旱胁迫的三个关键生育期的干旱程度实时监测。结果显示，多模态 S－DNet 模型在三个关键生育期的平均识别准确率达到 96.4%，比单模态深度学习 DenseNet－121 模型提高了2.8%，实现了冬小麦干旱胁迫无损精确的快速诊断和监测。

（8）将 WSN 传感器节点部署与数据采集、数据传输、病虫害识别、干旱胁迫分级进一步整合，运用物联网技术、大数据技术、深度学习、多模态融合等先进信息技术，引入天气预报等联网数据，研发了河南省冬小麦生长过程智能诊断系统。在系统实现过程中，引入了数据库及 GIS 技术作为底层支撑；在深度学习的病虫害识别、干旱胁迫分级的基础上，进一步考虑病虫害、干旱和施肥的管理策略与决策方法优化，使之能够达到落地部署的要求。该系统能够实现大田冬小麦管理的系统化、智能化、精细化。首先，它借助物联网技术，对冬小麦田块进行多维度数据采集，包括土壤墒情、气象条件和生长状态等，这些数据通过无线通信传输至中央数据库，并基于 GIS 进行渲染显示，实现了农田的远程监测；其次，技术层面上，系统运用了深度学习、多模态等关键技术，用于实现冬小麦病害、虫害及干旱的实时监测和识别。最后，数据分析和建模用于智能诊断，并通过专家系统自动生成决策，实现了冬小麦管理的智能化；在生成决策的过程中，通过对管理策略和决策方法的优化，并引入天气预报等联网数据，以泰森网格为单位进行决策，生成的灌溉、施肥、施药方案更加精准、精细。

8.2 创新点

（1）针对传统的冬小麦大田 WSN 监测系统中传感器节点的利用率低、功耗大、成本高等问题，引入 $coverWP$ 和 $Distance_{ij}$ 两个贪婪因子，提出了基于贪心蚁群算法（ACO－GS）的 WSN 节点最优部署策略，降低了部署数量和密度，适用于冬小麦大田物联网的大范围部署。同时，为解决现有 WSN 网络通信速率低、传输距离短、功耗高、有效性差等问题，设计了一种基于 LoRa 的冬小麦大田 WSN 混合组网策略，选取网络能耗、网络丢包率、网络带宽和网络时延 4 个指标对组网策略开展网络服务质量评价，提高了大田数据采集传输的有效性和可靠性，可为冬小麦生长环境智能监测奠定基础。

（2）基于深度可分离卷积图像分割模型对冬小麦图像进行分割，优选 VGGNet-16 提取图像特征及 RPN 生成区域候选框，构建了改进的 Faster R-CNN 目标检测模型，利用分类器对图像候选框进行回归和分类训练，实现了冬小麦主要生育阶段的精准识别，准确率提升到 96.00%。针对冬小麦病虫害样本颜色和特征差异较大、识别准确率低等问题，采用数据扩充、迁移学习改进和引进注意力机制等手段，构建了基于改进的 VGGNet-16 的冬小麦病虫害识别模型，有效提高了病虫害识别的准确率，测试集准确率达 97.57%，极大地提升了冬小麦病虫害检测和识别中的应用效果。

（3）冬小麦在干旱胁迫条件下，利用单一表型特征对干旱胁迫诊断存在局限性，获取关键生育期的干旱胁迫图像，建立与土壤水分监测数据相对应的干旱图像集，优选 DenseNet-121 模型提取干旱特征；引入 WSN 网络的气象干旱指数 SPEI，融合了冬小麦生理特征参数和表型特征数据，构建了基于多模态深度学习的干旱胁迫监测 S-DNet 模型，三个关键生育期的平均识别准确率达到 96.4%，比单模态模型提高了 2.8%，实现了对冬小麦干旱胁迫无损精准的快速诊断和监测。

8.3 展望

当前国内外在农作物病虫害识别领域的深度学习研究主要集中在个体叶片较大的作物（西红柿、葡萄和棉花等），而对于小麦等这类叶片较小的农作物的研究较少。本书在作物生长监测及智能诊断方面研究取得了一定成果，但仍有较多方面需要进一步加强研究，后续工作可以从以下几个方面开展：

（1）本书基于物联网、大数据、深度学习、多模态融合等技术，构建了小麦生产过程生育阶段的识别模型、冬小麦病虫害的精准识别模型、小麦的干旱识别模型，但由于缺乏冬小麦生产数据的统一存储管理，且未构建冬小麦品种、施肥、播期、播量推荐、小麦产量预测模型，有待在今后研究中加强。

（2）实际冬小麦大田环境下情况非常复杂，需要考虑因素较多，基于当前获取的干旱图像数据集的局限性，本书尚未考虑生产中的其他复杂问题，如其他病害和虫害等因素对模型识别结果的影响。因此，在后续研究中应根据具体的实际需求和监测目标，扩充冬小麦干旱数据集，引入多标签样本，以实现对小麦干旱程度和病虫害的多类别分类识别，进一步提高多模态模型的实用价值。同时，应重视冬小麦多模态知识图谱的构建，为冬小麦生产的各项决策提供精准、高效的支持。

参　考　文　献

［1］　聂正彦，燕彬. 农业劳动力老龄化对农业生产效率的影响［J］. 西安电子科技大学学报：社会科学版，2016，26（4）：60 - 67.

［2］　李道亮，杨昊. 农业物联网技术研究进展与发展趋势分析［J］. 农业机械学报，2018，49（1）：1 - 20.

［3］　柴民杰，陈海燕，李磊. 精细农业在中国的发展现状与展望［J］. 中国农机化学报，2015，36（5）：342 - 344，348.

［4］　中华人民共和国国家统计局. 中国统计年鉴 2022［M］. 北京：中国统计出版社，2023：42 - 51.

［5］　黄峰，杜太生，王素芬，等. 华北地区农业水资源现状和未来保障研究［J］. 中国工程科学，2019，21（5）：28 - 37.

［6］　谭春辉，王一夫，曾奕堂. 政策工具视角下的农业信息化政策文本量化分析［J］. 信息资源管理学报，2019，9（4）：101 - 111.

［7］　《中共中央 国务院关于全面推进乡村振兴加快农业农村现代化的意见》［Z］. 国家新闻办公室，2021.

［8］　"十四五"推进农业农村现代化规划［Z］. 国务院，2021.

［9］　中国智慧农业发展研究报告［Z］. 中国信息通信研究院，中国人民大学，2021.

［10］　孙红，李松，李民赞，等. 农业信息成像感知与深度学习应用研究进展［J］. 农业机械学报，2020，51（5）：1 - 17.

［11］　李健，王婧，康平，等. 我国农业物联网技术应用现状及发展对策研究［J］. 内燃机与配件，2017，237（9）：143 - 145.

［12］　许鑫. 小麦生态全息系统研究［D］. 郑州：河南农业大学，2021：64 - 78.

［13］　张起贵，梁风梅. 物联网技术与应用［M］. 北京：电子工业出版社，2015：114 - 122.

［14］　郑磊. 美日智慧农业发展对我国的启示［J］. 农业与技术，2021，41（3）：174 - 176.

［15］　TZOUNIS A，KATSOULAS N，BARTZANAS T，et al. Internet of things in agriculture，recent advances and future challenges［J］. Biosystems Engineering，2017，164：31 - 48.

［16］　GARCÍA L，PARRA L，JIMENEZ J M，et al. IoT based smart irrigation systems：an overview on the recent trends on sensors and IoT systems for irrigation in precision agriculture［J］. Sensors，2020，20（4）：24 - 32.

［17］　PATHAK A，AU M，ABEDIN M，et al. IoT based smart system to support agricultural parameters：a case study［J］. Procedia Computer Science，2019，155：648 - 653.

［18］　SRBINOVSKA M，GAVROVSKI C，DIMCEV V，et al. Environmental parameters monitoring in precision agriculture using wireless sensor networks [J]. Journal of Cleaner Production，2015，88：297 - 307.

[19] BAGGIO A. Wireless sensor networks in precision agriculture [C] //ACM workshop on real. world wireless sensor networks（REALWSN 2005），Stockholm，Sweden. 2005，20：1567 - 1576.

[20] 孙忠富，杜克明，郑飞翔，等. 大数据在智慧农业中研究与应用展望 [J]. 中国农业科技导报，2013，15（6）：63 - 71.

[21] STERGIOU C，PSANNIS K，KIM B，et al. Secure integration of IoT and cloud computing [J]. Future Generations Computer Systems，2018，78（3）：964 - 975.

[22] KKSAL，TEKINERDOGAN B. Architecture design approach for IoT. based farm management information systems [J]. Precision Agriculture，2019，20（5）：926 - 958.

[23] 黄桑. 基于物联网的温室大棚种植监控系统的研究与设计 [D]. 济南：山东大学，2016：7 - 11.

[24] 余国雄，王卫星，谢家兴，等. 基于物联网的荔枝园信息获取与智能灌溉专家决策系统 [J]. 农业工程学报，2016，32（20）：144 - 152.

[25] 王嘉宁，牛新涛，徐子明，等. 基于无线传感器网络的温室 CO_2 浓度监控系统 [J]. 农业机械学报，2017，48（7）：280 - 285，367.

[26] 彭炜峰，刘芳，李光林，等. 丘陵地区农田土壤信息监测系统的研究 [J]. 农机化研究，2021，43（4）：65 - 69.

[27] 柳桂国，应义斌. 蓝牙技术在温室环境检测与控制系统中的应用 [J]. 浙江大学学报（农业与生命科学版），2003（3）：95 - 100.

[28] 李莉，刘刚. 基于蓝牙技术的温室环境监测系统设计 [J]. 农业机械学报，2006（10）：97 - 100.

[29] 潘鹤立，景林，钟凤林. 基于 ZigBee 和 3G/4G 技术的分布式果园远程环境监控系统的设计 [J]. 福建农林大学学报（自然科学版），2014，43（6）：661 - 667.

[30] 廖建尚. 基于物联网的温室大棚环境监控系统设计方法 [J]. 农业工程学报，2016，32（11）：233 - 243.

[31] 王茂励，王浩，董振振，等. 基于物联网技术的数字农田信息监测系统研究 [J]. 中国农机化学报，2019，40（9）：158 - 163，180.

[32] WANG Y，JIA Y J. Design of intelligent agriculture control system based on internet of things [J]. World Scientific Research Journal，2019，5（8）：15 - 17.

[33] 丁永辉. 面向智慧农业的异构无线网络技术应用研究 [D]. 北京：北方工业大学，2019：11 - 13.

[34] WEI G，CHENG W，YIQIAO C，et al. Design and implementation of wireless monitoring network for temperature. humidity measurement [J]. Journal of Ambient Intelligence and Humanized Computing，2016，7：131 - 138.

[35] 刘昊，王鑫，李静，等. 水质监测机器人编队通信节点优化部署策略 [J]. 火力与指挥控制，2020，45（11）：123 - 129.

[36] 刘洲洲. 无线传感器网络若干关键技术研究及其应用 [M]. 西安：西北工业大学出版社，2017：86 - 93.

[37] 张朝辉. 无线传感器网络优化与目标三维定位研究 [D]. 西安：西安电子科技大

学，2019：24 - 31.

[38] 方伟，宋鑫宏. 基于 Voronoi 图盲区的无线传感器网络覆盖控制部署策略 [J]. 物理学报，2014，63（22）：132 - 141.

[39] POTTLE G J, WILLIAM J K. Wireless Integrated Network Sensors（WINS）[J]. Communications of the ACM, 2000, 43（5）：51 - 58.

[40] 许晔，孟弘，程家瑜，等. IBM "智慧地球" 战略与我国的对策 [J]. 中国科技论坛，2010（4）：20 - 23.

[41] ADEGBIJA T, ROGACS A, PATEL C, et al. Microprocessor optimizations for the internet of things：a survey [J]. IEEE Transactions on Computer - Aided Design of Integrated Circuits & Systems, 2018, 37（1）：7 - 20.

[42] YANG C, PANDEY R, TU T, et al. An efficient energy harvesting circuit for battery-less IoT devices [J]. Microsystem Technologies, 2020, 26（1）：195 - 207.

[43] RAJPUT S, BOHAT K, ARYA V. Grey wolf optimization algorithm for facial image super - resolution [J]. Applied Intelligence, 2019, 49（4）：1324 - 1338.

[44] JAIN M, SINGH V, RANI A. A novel nature-inspired algorithm for optimization：squirrel search algorithm [J]. Swarm and Evolutionary Computation, 2019, 44（2）：148 - 175.

[45] 赵海丹. 基于 LNMP 的智慧农业服务器平台的研究 [D]. 杭州：浙江大学，2015：16 - 22.

[46] 丁永辉. 面向智慧农业的异构无线网络技术应用研究 [D]. 北京：北方工业大学，2019：27 - 31.

[47] 丁晨阳，彭军. 基于改进粒子群优化算法的传感器部署机制 [J]. 仪表技术与传感器，2016，12：176 - 180.

[48] 岳雪峰. 基于物联网架构的智慧农业及其关键技术研究 [D]. 上海：上海应用技术大学，2018：18 - 22.

[49] 岳婧. 无线传感器网络中的网络——信道编码研究 [D]. 西安：西安电子科技大学，2015：55 - 57.

[50] 刘玉伟，陈雯柏，等. 基于能量加权的无线传感器网络拓扑抗毁算法 [J]. 兵器装备工程学报，2020，41（8）：201 - 206.

[51] 胡坚，胡峰俊，张红，等. 基于改进布谷鸟搜索算法对水质监测无线传感器部署的优化 [J]. 浙江农业学报，2020，32（5）：897 - 903.

[52] ZHOU Y, CHAKRABARTY K. Sensor deployment and target localization based on virtual forces [C] //Twenty - second annual joint conference of the IEEE computer and communications societies. IEEE, 2003, 2：1293 - 1303.

[53] 丁晨阳，彭军. 基于改进粒子群优化算法的传感器部署机制 [J]. 仪表技术与传感器，2016，（12）：176 - 180.

[54] WANG L, WU W, QI J, et al. Wireless sensor network coverage optimization based on whale group algorithm [J]. Computer Science and Information Systems, 2018, 15（3）：569 - 583.

[55] 刘昊，李静，鲁旭涛. 5G 背景下智慧农业通信节点部署策略 [J]. 西安交通大学学报，2020，54（10）：45 - 53.

[56] SUN Y J, DONG W, CHEN Y. An improved routing algorithm based on ant colony optimization in wireless sensor networks [J]. IEEE Communications Letters, 2017, 21 (6): 1317 - 1320.

[57] TIAN J, GAO M, GE G. Wireless sensor network node optimal coverage based on improved genetic algorithm and binary ant colony algorithm [J]. EURASIP Journal on Wireless Communications and Networking, 2016, 2016 (1): 1 - 11.

[58] 侯梦婷, 赵作鹏, 高萌, 等. 采用角度因子的蚁群优化多路径路由算法 [J]. 计算机工程与应用, 2017, 53 (1): 107 - 112.

[59] SAAVEDRA R D, BANERJEE S, MERY D. Detection of threat objects in baggage inspection with X-ray images using deep learning [J]. Neural Computing and Applications, 2020, 33 (13): 1 - 17.

[60] 周飞燕, 金林鹏, 董军. 卷积神经网络研究综述 [J]. 计算机学报, 2017, 40 (6): 1229 - 1251.

[61] KAMILARIS A, PRENAFETA - BOLDU F X. Deep learning in agriculture: a survey [J]. Computers and Electronics in Agriculture, 2018, 147: 70 - 90.

[62] SINGH A K, GANAPATHYSUBRAMANIAN B, SARKAR S, et al. Deep learning for plant stress phenotyping: trends and future perspectives [J]. Trends in Plant Science, 2018, 23 (10): 883 - 898.

[63] MOHANTY S P, HUGHES D P, Salathé Marcel. Using deep learning for image based plant disease detection [J]. Frontiers in Plant Science, 2016, 7: 1419 - 1429.

[64] FUENTES A, YOON S, KIM S C, et al. A robust deep learning based detector for real time tomato plant diseases and pests recognition [J]. Sensors, 2017, 17 (9): 2022.

[65] RAMCHARAN A, BARANOWSKI K, MCCLOWSKY P, et al. Deep learning for image based cassava disease detection [J]. Frontiers in Plant Science, 2017, 8 (1852): 1 - 7.

[66] ATHANIKAR M G, BADAR P. Potato leaf diseases detection and classification system [J]. International Journal of Computer Science and Mobile Computing, 2016, 5 (2): 76 - 88.

[67] FUENTES A F, SOOK Y, JAESU L, et al. High - performance deep neural network - based tomato plant diseases and pests diagnosis system with refinement filter bank [J]. Frontiers in Plant Science, 2018, 9: 1162 - 1177.

[68] YADAV S, SENGAR N, SINGH A, et al. Identification of disease using deep learning and evaluation of bacteriosis in peach leaf [J]. Ecological Informatics, 2021, 61 (1): 101247 - 101259.

[69] 吴健宇. 基于深度卷积神经网络的农作物病虫害识别及实现 [D]. 哈尔滨: 哈尔滨工业大学, 2019: 22 - 26.

[70] 周正. 基于计算机视觉技术的番茄病害识别研究 [D]. 长沙: 湖南农业大学, 2013: 7 - 8.

[71] 杨断利, 籍颖. 番茄脐腐病果的机器视觉识别 [J]. 科技经济导刊, 2015 (15): 5 - 6.

[72] 孙俊, 谭文军, 毛罕平, 等. 基于改进卷积神经网络的多种植物叶片病害识别 [J]. 农业工程学报, 2017, 33 (19): 209 - 215.

[73] 张建华，孔繁涛，吴建寨，等. 基于改进 VGG 卷积神经网络的棉花病害识别模型 [J]. 中国农业大学学报，2018，23（11）：161-171.

[74] 王献锋，张传雷，等. 基于自适应判别深度置信网络的棉花病虫害预测 [J]. 农业工程学报，2018，34（14）：157-164.

[75] 陆雅诺，陈炳才. 基于注意力机制的小样本啤酒花病虫害识别 [J]. 中国农机化学报，2021，42（3）：189-196.

[76] 项小东，翟蔚，黄言态，等. 基于 Xception. CEMs 神经网络的植物病害识别 [J]. 中国农机化学报，2021，42（8）：177-186.

[77] 王明，张倩. 我国基于深度学习的图像识别技术在农作物病虫害识别中的研究进展 [J]. 中国蔬菜，2023（3）：22-28.

[78] 周济，Francois T，Tony P，等. 植物表型组学：发展、现状与挑战 [J]. 南京农业大学学报，2018（4）：580-588.

[79] ZHANG Y，WANG Z，FAN Z，et al. Phenotyping and evaluation of CIMMYT WPHYSGP nursery lines and local wheat varieties under two irrigation regimes [J]. Breed Science，2019，69（1）：55-67.

[80] WISHART J，GEORGE T S，BROWN L K，et al. Field phenotyping of potato to assess root and shoot characteristics associated with drought tolerance [J]. Plant and Soil，2014，378（1/2）：351-363.

[81] LI L，ZHANG Q，HUANG D. A review of imaging techniques for plant phenotyping [J]. Sensors，2014，14（11）：20078-20111.

[82] FUCHS M. Infrared measurement of canopy temperature and detection of plant water stress [J]. Theoretical and Applied Climatology，1990，42（4）：253-261.

[83] ROMANO G，ZIA S，SPREER W，et al. Use of thermography for high throughput phenotyping of tropical maize adaptation in water stress [J]. Computers and Electronics in Agriculture，2011，79（1）：67-74.

[84] MANGUS D L，SHARDA A，ZHANG N. Development and evaluation of thermal infrared imaging system for high spatial and temporal resolution crop water stress monitoring of corn within a greenhouse [J]. Computers and Electronics in Agriculture，2016，121：149-159.

[85] KHANAL S，FULTON J，SHEARER S. An overview of current and potential applications of thermal remote sensing in precision agriculture [J]. Computers and Electronics in Agriculture，2017，139：22-32.

[86] BARET F，MADEC S，IRFAN K，et al. Leaf. rolling in maize crops：from leaf scoring to canopy. level measurements for phenotyping [J]. Journal of Experimental Botany，2018，69（10）：2705-2716.

[87] WANG H，QIAN X，ZHANG L，et al. A method of high throughput monitoring crop physiology using chlorophyll fluorescence and multispectral imaging [J]. Frontiers in Plant Science，2018，9：407-413.

[88] SINGH A K，GANAPATHYSUBRAMANIAN B，SARKAR S，et al. Deep learning for plant stress phenotyping：trends and future perspectives [J]. Trends in Plant Science，2018，23（10）：883-898.

[89] GHOSAL S, BLYSTONE D, SINGH A K, et al. An explainable deep machine vision framework for plant stress phenotyping [J]. Proceedings of the National Academy of Sciences, 2018, 115 (18): 4613 - 4618.

[90] 王鹏新, 田惠仁, 张悦, 等. 基于深度学习的作物长势监测和产量估测研究进展 [J]. 农业机械学报, 2022, 53 (2): 1 - 14.

[91] UZAL L C, GRINBLAT G L, NAMÍAS R, et al. Seed - per - pod estimation for plant breeding using deep learning [J]. Computers and Electronics in Agriculture, 2018, 150: 196 - 204.

[92] 张顺, 龚怡宏, 王进军. 深度卷积神经网络的发展及其在计算机视觉领域的应用 [J]. 计算机学报, 2019, 42 (3): 453 - 482.

[93] FAHLGREN N, GEHAN M A, BAXTER I. Lights, camera, action: high. throughput plant phenotyping is ready for a close-up [J]. Current Opinion in Plant Biology, 2015, 24: 93 - 99.

[94] KAMILARIS A, PRENAFETA - BOLDU F X. Deep learning in agriculture: a survey [J]. Computers and Electronics in Agriculture, 2018, 147: 70 - 90.

[95] MA J, DU K, ZHENG F, et al. A recognition method for cucumber diseases using leaf symptom images based on deep convolutional neural network [J]. Computers and Electronics in Agriculture, 2018, 154: 18 - 24.

[96] JIANG B, WANG P, ZHUANG S, et al. Detection of maize drought based on texture and morphological features [J]. Computers and Electronics in Agriculture, 2018, 151: 50 - 60.

[97] AN J Y, LI W, LI M, et al. Identification and classification of maize drought stress using deep convolutional neural network [J]. Symmetry, 2019, 11 (2): 256 - 267.

[98] HASAN M M, CHOPIN J P, LAGA H, et al. Detection and analysis of wheat spikes using convolutional neural networks [J]. Plant Methods, 2018, 14 (1): 100 - 109.

[99] 安江勇. 基于图像深度学习的小麦干旱识别与分级研究 [D]. 北京: 中国农业科学院, 2019: 17 - 49.

[100] 赵春江. 植物表型组学大数据及其研究进展 [J]. 农业大数据学报, 2019, 1 (2): 5 - 18.

[101] BOWMAN K D. Longevity of radio frequency identification device microchips in citrus trees [J]. Hortscience, 2010, 45 (3): 451 - 452.

[102] JEONGHWAN H, CHANGSUN S, HYUN Y. Study on a agricultural environment monitoring server system using wireless networks [J]. Sensors, 2010, 10 (12): 11189 - 11211.

[103] YUNSEOP K, EVANS R G, IVERSEN W M. Remote sensing and control of an irrigation system using a distributed wireless sensor network [J]. IEEE Transactions on Instrumentation and Measurement, 2008, 57 (7): 1379 - 1387.

[104] 陈晓栋. 基于物联网的谷子大田苗情监测与管理技术研究 [D]. 太原: 山西农业大学, 2016: 16 - 17.

[105] 夏于, 孙忠富, 杜克明, 等. 基于物联网的小麦苗情诊断管理系统设计与实现

［J］. 农业工程学报，2013，29（5）：117 - 124.

［106］ 吴秋明，缴锡云，潘渝，等. 基于物联网的干旱区智能化微灌系统［J］. 农业工程学报，2012，28（1）：118 - 122.

［107］ 张帆，肖志锋. 基于物联网技术的江西丘陵地区土壤墒情监测［J］. 农业工程，2013，3（5）：53 - 54.

［108］ 陈晓栋，原向阳，郭平毅，等. 农业物联网研究进展与前景展望［J］. 中国农业科技导报，2015，17（2）：8 - 16.

［109］ 史雪岩，李红宝，王海光，等. 我国小麦病虫草害防治农药减施增效技术研究进展［J］. 中国农业大学学报，2022，27（3）：53 - 62.

［110］ 曹坳程，刘晓漫，郭美霞，等. 作物土传病害的危害及防治技术［J］. 植物保护，2017，43（2）：6 - 16.

［111］ 孙爽，杨晓光，张镇涛，等. 华北平原不同等级干旱对冬小麦产量的影响［J］. 农业工程学报，2021，37（14）：69 - 78.

［112］ 刘佳，袁宏伟，李雪凌，等. 不同生长阶段水分亏缺对淮北平原冬小麦生长发育和产量的影响研究［J］. 地下水，2017（4）：124 - 127.

［113］ 孙宝阳，戚留冉，等. 关中平原小麦品种穗部温度演替特征及其与产量的关系［J］. 麦类作物学报，2022，42（5）：597 - 604.

［114］ 刘小飞. 调亏灌溉与营养调节对冬小麦产量及品质的影响机制研究［D］. 西安：西安理工大学，2018：16 - 27.

［115］ 王凯飞. 冬小麦生理生长应对灌浆期高温和干旱胁迫响应研究［D］. 杨凌：西北农林科技大学，2022：11 - 13.

［116］ 李道西，楼睿焘，李彦彬，等. 桶栽条件下冬小麦产量的连旱效应［J］. 排灌机械工程学报，2020，38（10）：1051 - 1056.

［117］ 孙丽敏，高露，等. 河北省冬小麦氮磷钾肥产量效应研究［J］. 华北农学报，2018，33（S1）：177 - 185.

［118］ 孙笑梅，闫军营，等. 河南省耕地土壤酸碱度状况与酸化土壤治理途径［J］. 中国农学通报，2017，33（24）：91 - 94.

［119］ 刘昊. 智慧农业通信网络构建及优化策略研究［D］. 太原：中北大学，2021：46 - 58.

［120］ 庞方荣. 基于无线传感器网络的农田信息自动获取技术研究［D］. 南京：南京农业大学，2016：9 - 11.

［121］ 郑宁，杨曦，吴双力. 低功耗广域网络技术综述［J］. 信息通信技术，2017，11（1）：47 - 54.

［122］ 韩团军，尹继武，等. 基于LoRa的远程分布式农业环境监测系统的设计［J］. 江苏农业科学，2019，47（19）：236 - 240.

［123］ YOGARAJAN G, REVATHI T. Improved cluster based data gathering using ant lion optimization in wireless sensor networks［J］. Wireless Personal Communications，2018，98（3）：2711 - 2731.

［124］ 段海滨，王道波，等. 蚁群算法理论及应用研究的进展［J］. 控制与决策，2004（12）：1321 - 1326，1340.

［125］ 张荣博，曹建福. 利用蚁群优化的非均匀分簇无线传感器网络路由算法［J］. 西安交通大学学报，2010，44（6）：33 - 38.

[126] 胡祥培，丁秋雷，李永先. 蚁群算法研究评述 [J]. 管理工程学报，2008，(2)：74 - 79.

[127] WU X，SUN M，CHEN X，et al. Empirical study of particle swarm optimization inspired by Lotka - Volterra model in Ecology [J]. Soft Computing，2019，23 (14)：5571 - 5582.

[128] ZHANG Z，HU F，ZHANG N. Ant colony algorithm for satellite control resource scheduling problem [J]. Applied Intelligence，2018，48 (10)：3295 - 3305.

[129] 黄亮. 基于改进蚁群算法的无线传感器网络节点部署 [J]. 计算机测量与控制，2010，18 (9)：2210 - 2212.

[130] WANG H，LI Y M，et al. A self - deployment algorithm for maintaining maximum coverage and connectivity in underwater acoustic sensor networks based on an ant colony optimization [J]. Applied Sciences，2019，9 (7)：1479 - 1488.

[131] 张荧. 改进蚁群算法在车载自组网节点部署中的应用 [D]. 兰州：兰州大学，2014：36 - 57.

[132] 王茜，王颖超，曹菲. 基于随机自适应方法的多传感器融合算法 [J]. 计算机应用与软件，2020，37 (4)：233 - 239.

[133] 杜鹏，包晓安，等. 基于卡尔曼滤波的无线传感网时空数据融合算法 [J]. 电子科技，2022，35 (6)：21 - 27.

[134] 张崇兴. 基于预测和 D. S 证据理论的多传感器数据融合研究 [D]. 成都：电子科技大学，2021：32 - 38.

[135] KALMAN R E. A new approach to linear filtering and prediction problems [J]. Journal of Basic Engineering，1960，82 (Series D)：35 - 45.

[136] LASMADI L，CAHYADI A I，HIDAYAT R，et al. Inertial navigation for quadrotor using kalman filter with drift compensation [J]. International Journal of Electrical and Computer Engineering，2017，7 (5)：2596 - 2599.

[137] 李剑锋. 无线传感器网络服务质量管理问题分析及实验研究 [D]. 杭州：中国计量大学，2012：11 - 13.

[138] 张伟. 面向精细农业的无线传感器网络关键技术研究 [D]. 杭州：浙江大学，2013：82 - 87

[139] 沈杰. 无线传感器网络的服务质量研究 [D]. 杭州：浙江大学，2020：37 - 56.

[140] 陈亮. 矮秆基因 Rht12 对小麦重要农艺性状的遗传效应及新矮秆突变体的筛选 [D]. 杨凌：西北农林科技大学，2015：6 - 8.

[141] ZHAO X T，LI W，et al. Aggregated residual dilation-based feature pyramid network for object detection [J]. IEEE Access，2019，7：134014 - 134027.

[142] ZHOU Y. IYOLO-NL：An improved you only look once and none left object detector for real - time face mask detection [J]. Heliyon，2023，9 (8)：779 - 788.

[143] 叶中华，赵明霞，贾璐. 复杂背景农作物病害图像识别研究 [J]. 农业机械学报，2021，52 (1)：118 - 124，147.

[144] PAYNE A B，WALSH K B，SUBEDI P P，et al. Estimation of mango crop yield using image analysis - segmentation method [J]. Computers and Electronics in Agriculture，2013，91：57 - 64.

[145] KIRATIRATANAPRUK K，SINTHUPINYO W．Color and texture for corn seed classification by machine vision ［C］．Intelligent Signal Processing and Communications Systems（ISPACS），2011 International Symposium on IEEE，2011：1 - 5．

[146] KURTULMUS F，KAVDIR I．Detecting corn tassels using computer vision and support vector machines ［J］．Expert Systems with Applications，2014，41（16）：7390 - 7397．

[147] 张英娜．基于卷积神经网络的小麦病虫害识别 ［D］．郑州：华北水利水电大学，2022：62 - 78．

[148] 陆明，申双和，王春艳，等．基于图像识别技术的夏玉米生育期识别方法初探 ［J］．中国农业气象，2011，32（3）：423 - 429．

[149] 权文婷，周辉，李红梅，等．基于 S．G 滤波的陕西关中地区冬小麦生育期遥感识别和长势监测 ［J］．中国农业气象，2015，36（1）：93 - 99．

[150] 陈玉青，杨玮，李民赞，等．基于 Android 手机平台的冬小麦叶面积指数快速测量系统 ［J］．农业机械学报，2017，48（S1）：123 - 128．

[151] 张芸德，刘蓉，刘明，等．基于深度卷积特征的玉米生长期识别 ［J］．电子测量技术，2018，41（16）：79 - 84．

[152] 李元好．基于深度特征学习和多级 R．CNN 的华中平原冬小麦生长期分类识别研究 ［D］．郑州：华北水利水电大学，2021：11 - 14．

[153] 王文涛．基于智能监控下的车辆检测与跟踪 ［D］．长沙：湖南大学，2014：30 - 37．

[154] YAO J，LIU J，ZHANG Y，et al．Identification of winter wheat pests and diseases based on improved convolutional neural network ［J］．Journal of Open Life Sciences，2023，18（1）：20220632．

[155] 李明攀．基于深度学习的目标检测算法研究 ［D］．杭州：浙江大学，2018：30 - 34．

[156] 王立松．基于深度学习的行人检测系统的设计与实现 ［D］．北京：北京交通大学，2018：32 - 37．

[157] 王晓宁，宫法明，时念云，等．基于卷积神经网络的复杂场景目标检测算法 ［J］．计算机系统应用，2019，28（6）：153 - 158．

[158] 姚建斌，刘建华，张英娜，等．基于深度特征学习的冬小麦生育阶段分类识别研究 ［J］．华北水利水电大学学报（自然科学版），2023，44（3）：102 - 108．

[159] 房靖晶．多目标图像的分割与识别方法研究 ［D］．济南：齐鲁工业大学，2019：55 - 61．

[160] 中华人民共和国国家统计局．中国统计年鉴 2021 ［M］．北京：中国统计出版社，2022：86 - 93．

[161] YAN L C，YOSHUA B，GEOFFREY H．Deep learning ［J］．Nature，2015，521（7553）：436 - 444．

[162] JOBSON D J，RAHMAN Z，WOODELL G A．Properties and performance of a center/surround retinex ［J］．IEEE Transactions on Image Processing，1997，6（3）：451 - 462．

[163] 靳阳阳，韩现伟，周书宁，等．图像增强算法综述 ［J］．计算机系统应用，2021，30（6）：18 - 27．

[164] JOBSON D J，RAHMAN Z，WOODELL G A．A multiscale retinex for bridging the gap between color images and the human observation of scenes ［J］．IEEE

Transactions on Image Processing，2002，6（7）：965－976.

[165] PARTHASARATHY S，SANKARAN P. An automated multi scale retinex with color restoration for image enhancement [C] //IEEE，National Conference on Communications (NCC)，2012：1－5.

[166] YU D，HINTON G E. Introduction to the special section on deep learning for speech and language processing [J]. IEEE Trans. Audio，Speech & Language Processing. 2012，20（1）：4－6

[167] 李荟，王梅. 用于大规模图像识别的特深卷积网络 [J]. 计算机系统应用，2021，30（9）：330－335.

[168] SZEGEDY C，LIU W，JIA Y，et al. Going deeper with convolutions [C]. Proceedings of the IEEE conference on computer vision and pattern recognition，2015：1－9.

[169] 姚建斌，张英娜，刘建华. 基于卷积神经网络和迁移学习的小麦病虫害识别 [J]. 华北水利水电大学学报（自然科学版），2022，43（2）：102－108.

[170] KAYA A，KECELI A S，CATAL C，et al. Analysis of transfer learning for deep neural network based plant classification models [J]. Computers and electronics in agriculture，2019，158：20－29.

[171] 龙满生，欧阳春娟，刘欢，等. 基于卷积神经网络与迁移学习的油茶病害图像识别 [J]. 农业工程学报，2018，34（18）：194－201.

[172] 许景辉，邵明烨，王一琛，等. 基于迁移学习的卷积神经网络玉米病害图像识别 [J]. 农业机械学报，2020，51（2）：230－236.

[173] 张林刚，邓西平. 小麦抗旱性生理生化研究进展 [J]. 干旱地区农业研究，2000，18（3）：87－91.

[174] WANG J，XIONG Y，LI F，et al. Effects of drought stress on morphophysiological traits，biochemical characteristics，yield，and yield components in different ploidy wheat：a meta analysis [J]. Advances in Agronomy，2017：139－173.

[175] 吕金印，山仑，高俊凤，等. 干旱对小麦灌浆期旗叶光合等生理特性的影响 [J]. 干旱地区农业研究，2003，21（2）：77－81.

[176] TORRES G M，LOLLATO R P，OCHSNER T E. Comparison of drought probability assessments based on atmospheric water deficit and soil water deficit [J]. Agronomy Journal，2013，105（2）：428.

[177] 王劲松，李耀辉，王润元，等. 我国气象干旱研究进展评述 [J]. 干旱气象，2012，30（4）：497－508.

[178] ZHANG Q，LI Q，SINGH V P，et al. Nonparametric integrated agrometeorological drought monitoring：model development and application [J]. Journal of Geophysical Research：Atmospheres，2018，123（1）：73－88.

[179] WISHART J，GEORGE T S，BROWN L K，et al. Field phenotyping of potato to assess root and shoot characteristics associated with drought tolerance [J]. Plant and Soil，2014，378（1/2）：351－363.

[180] MANGUS D L，SHARDA A，ZHANG N. Development and evaluation of thermal infrared imaging system for high spatial and temporal resolution crop water stress monitoring of corn within a greenhouse [J]. Computers and Electronics in

Agriculture，2016，121：149 - 159.

[181] 冬小麦灾害田间调查及分级技术规范：NY/T 2283—2012 [S]. 北京：中国农业出版社，2012.

[182] MCKEE T B，DOESKEN N J，KLEIST J. The relationship of drought frequency and duration to time scales [C]. Preprints，8th Conference on Applied Climatology，Anaheim，January 17 - 22，1993：179 - 184.

[183] PALMER W C. Meteorological drought [R]. Research Paper No. 45，US Dept. of Commerce，1965：1 - 58.

[184] VICENTE - SERRANO S M，BEGUER A S，LOPEZ - MORENO J I. A multi-scalar drought index sensitive to global warming：The standardized precipitation evapotranspiration index [J]. Journal of Climate，2009，23 (7)：1696 - 1718.

[185] 张玉静，王春乙，张继权. 基于SPEI指数的华北冬麦区干旱时空分布特征分析 [J]. 生态学报，2015，35 (21)：7097 - 7107.

[186] 曹永强，李玲慧，路洁，等. 基于SPEI的辽宁省玉米生育期干旱特征分析 [J]. 生态学报，2021，41 (18)：7367 - 7379.

[187] 赵玉兵，张杰，刘连涛，等. 基于SPEI的河北省南部棉花生长季干旱特征分析 [J]. 农学学报，2022，12 (12)：56 - 62.

[188] 闫彩，张鑫，孙媛，等. 基于SPEI的陕西省干旱特征及其对玉米产量的影响 [J]. 节水灌溉，2023，329 (1)：10 - 18.

[189] 刘业伟，许小华，张秀平，等. 基于SPEI的江西省干旱特征及其对作物受灾面积的影响 [J]. 水电能源科学，2023，41 (4)：17 - 21.

[190] 路洁. 基于多源数据融合的辽宁省春玉米干旱特征及灾损风险研究 [D]. 大连：辽宁师范大学，2022，6 - 7.

[191] 龚元石. Penman - Monteith公式与FAO - PPP - 17 Penman修正式计算参考作物蒸散量的比较 [J]. 北京农业大学学报，1995 (1)：68 - 75.

[192] 陈子燊，刘曾美，路剑飞. 广义极值分布参数估计方法的对比分析 [J]. 中山大学学报（自然科学版），2010，49 (6)：105 - 109.

[193] 殷琪林，王金伟. 深度学习在图像处理领域中的应用综述 [J]. 高教学刊，2018 (9)：72 - 74.

[194] KAMILARIS A，PRENAFETA - BOLDU F X. Deep learning in agriculture：A survey [J]. Computers and Electronics in Agriculture，2018，147：70 - 90.

[195] MA J，DU K，ZHENG F，et al. A recognition method for cucumber diseases using leaf symptom images based on deep convolutional neural network [J]. Computers and Electronics in Agriculture，2018，154：18 - 24.

[196] 常亮，邓小明，等. 图像理解中的卷积神经网络 [J]. 自动化学报，2016，42 (9)：1300 - 1312.

[197] 余凯，贾磊，陈雨强，等. 深度学习的昨天、今天和明天 [J]. 计算机研究与发展，2013，50 (9)：1799 - 1804.

[198] 傅隆生，宋珍珍，ZHANG X，等. 深度学习方法在农业信息中的研究进展与应用现状 [J]. 中国农业大学学报，2020，25 (2)：105 - 120.

[199] YU Y，ZHANG K L，YANG L，ZHANG D X. Fruit detection for strawberry

harvesting robot in non-structural environment based on Mask. RCNN [J]. Computers and Electronics in Agriculture, 2019, 163: 104846.

[200] WAHEED A, GOYAL M, GUPTA D, et al. An optimieed dense convolutional neural network model for disease recognition and classification in corn leaf [J]. Computers and Electronics in Agriculture, 2020, 175: 105456.

[201] HE M X, HAO P, XIN Y Z. A robust method for wheatear detection using UAV in natural scenes [J]. IEEE Access, 2020, 8: 189043 - 189053

[202] 岳焕然, 李茂松, 安江勇. 基于颜色和纹理特征的玉米干旱识别 [J]. 中国农学通报, 2018, 34 (24): 18 - 28.

[203] 安江勇, 黎万义, 李茂松. 基于 Mask R. CNN 的玉米干旱卷曲叶片检测 [J]. 中国农业信息, 2019, 31 (5): 66 - 74.

[204] 郝王丽, 尉培岩, 韩猛, 等. 基于 YOLOv3 网络的小麦麦穗检测及计数 [J]. 湖北农业科学, 2021, 60 (2): 158 - 160, 183.

[205] KRIZHEVSKY A, SUTSKEVER I, HINTON G E. ImageNet classification with deep convolutional neural networks [J]. Advances in Neural Information Processing Systems, 2012: 1097 - 1105.

[206] HE K M, ZHANG X Y, et al. Deep residual learning for image recognition [J]. IEEE Computer Vision and Pattern Recognition, 2016: 770 - 779.

[207] WANG H F, SHEN Y Y, et al. Ensemble of 3D densely connected convolutional network for diagnosis of mild cognitive impairment and alzheimer's disease [J]. Neurocomputing, 2018, 333: 145 - 156.

[208] 高建瓴, 王竣生, 王许. 基于 DenseNet 的图像识别方法研究 [J]. 贵州大学学报 (自然科学版), 2019, 36 (6): 58 - 62.

[209] AHMAD Z, WARAICH E A, AKHTAR S, et al. Physiological responses of wheat to drought stress and its mitigation approaches [J]. Acta Physiologiae Plantarum, 2018, 40 (4): 80 - 87.

[210] 倪黎, 邹卫军. 基于 SE 模块改进 Xception 的动物种类识别 [J]. 导航与控制, 2020, 19 (2): 106 - 111.

[211] DHAKSHAYANI J, SURENDIRAN B. M2F. Net: a deep learning based multimodal classification with high throughput phenotyping for identification of overabundance of fertilizers [J]. Agriculture, 2023, (13) 1238: 1 - 19.

[212] 王春雷, 王肖, 刘凯. 多模态知识图谱表示学习综述 [J]. 计算机应用, 2023, 1 - 19.

[213] OUHAMI M, HAFIFIANE A, ES-SAADY Y, et al. Computer vision, IoT and data fusion for crop disease detection using machine learning: A survey and ongoing research [J]. Remote Sens, 2021, 13, 2486 - 2497.

[214] YUAN L, BAO Z, ZHANG H, et al. Habitat monitoring to evaluate crop disease and pest distributions based on multi - source satellite remote sensing imagery [J]. Optik, 2017, 145: 66 - 73.

[215] ZHAO Y, LIU L, et al. An effective automatic system deployed in agricultural Internet of Things using Multi - Context Fusion Network towards crop disease rec-

ognition in the wild [J]. Applied Soft Computing，2020，89：106 - 128.

[216] PATIL R R，KUMAR S. Rice-Fusion：A multimodality data fusion framework for rice disease diagnosis [J]. IEEE Access，2022，10：5207 - 5222.

[217] 岳焕然. 基于表型特征的玉米干旱识别 [D]. 北京：中国农业科学院，2018：7 - 9.

[218] 赵春江. 农业知识智能服务技术综述 [J]. 智慧农业（中英文），2023，5（2）：126 - 148.

[219] 杨普，赵远洋，等. 基于多源信息融合的农业空地一体化研究综述 [J]. 农业机械学报，2021，52（S1）：185 - 196.

[220] 刘建刚，赵春江，杨贵军，等. 无人机遥感解析田间作物表型信息研究进展 [J]. 农业工程学报，2016，32（24）：98 - 106.

[221] ZHOU J Y，ZHAO Y M. Application of convolution neural network in image classification and object detection [J]. Computer Engineering and Applications，2017，53（13）：34 - 41.

英 文 缩 略 表

英文缩写	英 文 全 称	中 文 全 称
IoT	Internet of Things	物联网
RFID	Radio Frequency Identification	无线射频识别
RS	Remote Sensing	遥感
GPS	Global Positioning System	全球定位系统
LoRa	Long Range Radio	远距离无线电
AGCP	Agricultural Greenhouses Communication Protocol	农业温室通信协议
WSN	Wireless Sensor Networks	无线传感器网络
LPWAN	Low Power Wide Area Network	低功耗广域网
PSO	Particle Swarm Optimization	粒子群优化算法
ACO	Ant Colony Optimization	蚁群算法
CNN	Convolutional Neural Network	卷积神经网络
BPNN	Back Propagation Neural Network	后向传播神经网络
GNSS	Global Navigation Satellite System	全球导航卫星系统
GIS	Geographic Information System	地理信息系统
GPRS	General Packet Radio Service	通用分组无线服务
RPN	Region Proposal Network	区域生成网络
Faster R – CNN	Faster Region Convolutional Neural Network	更快的区域卷积神经网络
NB – IoT	Narrow Band Internet of Things	窄带蜂窝物联网
R – CNN	Region Convolutional Neural Network	区域卷积神经网络
VGG	Visual Geometry Group	视觉几何组
SSR	Single Scale Retinex	单尺度图像增强方法
MSR	Multi Scale Retinex	多尺度图像增强方法
MSRCR	Multi Scale Retinex with Color Restoration	颜色恢复的多尺度图像增强方法
TL	Transfer Learning	迁移学习
NLCBAM	Non – Local Convolutional Block Attention Module	非局部卷积块注意力模块

英 文 缩 略 表

英文缩写	英 文 全 称	中 文 全 称
CBAM	Convolutional Block Attention Module	卷积块注意力模块
FC	Fully Connected	全连接
SPI	Standardized Precipitation Index	标准化降水指数
PDSI	Palmer Drought Severity Index	帕默尔干旱指数
SPEI	Standardized Precipitation Evapotranspiration Index	标准化降水蒸散指数
SENet	Squeeze and Excitation Networks	压缩奖惩网络
NP – hard 问题	Non deterministic Polynomial time hard problem	非确定性多项式困难问题
SGD	Stochastic Gradient Descent	随机梯度下降
HP	High Pass Filter	高通滤波器